Tamara Nawratil

Hund und Katze unter einem Dach

So klappt das Zusammenleben

© 2017 KYNOS VERLAG Dr. Dieter Fleig GmbH
Konrad-Zuse-Straße 3, D-54552 Nerdlen/Daun
Telefon: 06592 957389-0
Telefax: 06592 957389-20
www.kynos-verlag.de

Grafik & Layout: Kynos Verlag

Gedruckt in Lettland

ISBN 978-3-95464-129-1

Bildnachweis: Alle Bilder Tamara Nawratil außer: S. 9 fotolia@Budumir Jevtic; S. 11 fotolia@CCat82; S. 17 fotolia@ Wildcat; S. 18 fotolia@vaclavkrizek; S. 19 fotolia@Astrid Gast; S. 22 fotolia@vvvita, S.25 fotolia@lwfoto; S. 27 fotolia@Carola Schubbel; S. 29 fotolia@Gatto aggressivo; S. 30 fotolia@Rolandst; S. 45 fotolia@Sergio; S. 47 o. fotolia@Ermolaev Alexandr; S. 47 u. fotolia@Grigorita Ko; S. 55 fotolia@Gilles Paire; S. 58 fotolia@Dora Zett; S. 63 fotolia@vvvita; S. 33 Blick Winkel Fotografie Barbara Waas; S. 13, 15, 21, 34, 36, 39, 109, 122 Rosa Engler; S. 35, 61, 66, 69, 70, 74–75, 80, 83–85, 91–92, 95–98, 106–107, 113, 115, 117, 119, 121, 123–124 Regina Sturm, www.sturmfotografie.at

Mit dem Kauf dieses Buches unterstützen Sie die Kynos Stiftung Hunde helfen Menschen www.kynos-stiftung.de

Inhaltsverzeichnis

Einleitung

Haustierhalter werden häufig in zwei Kategorien eingeteilt: Auf der einen Seite gibt es die Hundemenschen, auf der anderen Seite die Katzenmenschen. Diese Trennung entsteht dadurch, dass Hunden und Katzen ganz unterschiedliche, oftmals sogar widersprüchliche und nicht miteinander vereinbare Eigenschaften und Persönlichkeitsmerkmale zugeschrieben werden. Hunde gelten allgemein als treu und verlässlich, wohingegen Katzen als unabhängig und selbstsüchtig charakterisiert werden. Diese Annahmen kommen tatsächlich nicht von ungefähr. Hunde und Katzen zeigen im Zusammenleben mit Menschen gewisse artspezifische Eigenheiten und Charakterzüge, die diese Einteilung unterstreichen. Hunde erfüllen bereits seit vielen Jahrtausenden bestimmte Funktionen für Menschen und arbeiten mit diesem eng zusammen, wohingegen Katzen trotz des Zusammenlebens mit dem Menschen einen Großteil ihrer Selbstständigkeit bewahrt haben. Trotzdem gibt es aber auch Menschen, die die Vorzüge beider Tierarten schätzen und ihr Zuhause gerne mit Hund und Katze teilen möchten.

Die Gegensätze und Unterschiede der beiden Tiere können zu Problemen führen, vor allem dann, wenn sie gemeinsamen in einem Haushalt leben. Konflikte ergeben sich nicht nur, weil viele Hunde Katzen tatsächlich „zum Fressen gern" haben und diese jagen. Die Tiere stellen auch unterschiedliche Anforderungen an ihre Besitzer, weshalb jene Ansprüche nicht immer miteinander vereinbar sind. Man muss sich als Tierhalter bewusst werden, dass die beiden Tierarten unter normalen Umständen mit Sicherheit kein gemeinsames Leben führen würden und mit möglichen Konfrontationen rechnen.

Trotz der Unterschiede und Konfliktherde können die Tiere lernen, miteinander in Frieden zu leben oder sogar feste Freundschaften entwickeln. Jeder, der bereits ein glückliches Katze-Hund-Team erlebt hat, weiß, wie sehr die beiden Tiere voneinander profitieren und ihre Lebensqualität dadurch steigern können. Mit entsprechender Planung und Vorbereitung, positiver Einstellung und Geduld ist das Ziel eines harmonischen Zusammenlebens von Hund und Katze unter einem Dach erreichbar.

In diesem Buch werden die Gemeinsamkeiten und Unterschiede der beiden Tierarten Hund und Katze erarbeitet sowie hilfreiche Tipps zur Vorbereitung und Vorgehensweise der Vergesellschaftung der Tiere gegeben. Es wird gezeigt, welche Möglichkeiten bestehen, um sowohl den Hund als auch die Katze zu erziehen, damit im Zusammenleben auftretende Probleme vermieden und gelöst werden können. Des Weiteren werden Beschäftigungsmöglichkeiten vorgestellt, um die Bindung der Tiere untereinander und zu ihren Bezugspersonen zu stärken und ein harmonisches Zusammenleben zu fördern.

Die Entwicklung der Beziehung zwischen Mensch, Hund und Katze

Hunde und Katzen spielten von Anbeginn der Beziehungen zum Menschen für diesen eine etwas voneinander abweichende Rolle. Die Verbindung zwischen Menschen und Hunden ist bereits viele Tausend Jahre alt, allerdings liegen unterschiedliche Schätzungen vor, wann genau die Domestikation der Tiere stattgefunden hat. Diese Schätzungen reichen von vor 15.000 bis 135.000 Jahren. Bestätigt ist, dass der direkte Vorfahre des Hundes der Wolf ist. Für die Anfänge der Annäherung des Wolfes an den Menschen und die dadurch resultierende Entwicklung des heutigen Haushundes werden mehrere Gründe vermutet. Einige gehen davon aus, dass der Hund selbst aufgrund von verfügbaren Nahrungsquellen und Abfällen zunehmend die Nähe des Menschen aufgesucht und sich ihm so schrittweise angeschlossen hat. Andere wiederum sehen die Anfänge der Domestikation in der Aufzucht verwaister Wolfswelpen, die der Mensch zu sich genommen hat. Der Wolf als direkter Vorfahre des heutigen Haushundes brachte viele Eigenschaften mit, die dem Menschen nützlich waren. So schätzten die Menschen die Wachbereitschaft der Tiere, ihre Fähigkeiten bei der Jagd, aber sie dienten auch als Wärmequellen in der kalten Jahreszeit oder als Nahrung bei Lebensmittelknappheit. Menschen begannen, die Tiere gezielt zu züchten, um die gewünschten Eigenschaften zu selektieren und diese auch kontrollieren zu können. Mit der zunehmenden Zahmheit und Kontrollierbarkeit der Tiere veränderte sich auch ihr Aussehen. Viele der Hunderassen, die es heute noch gibt, wurden für bestimmte Zwecke gezüchtet. Heutzutage spielt allerdings der äußerliche Faktor Schönheit die übergeordnete Rolle bei der Hundezucht, was leider oft auf Kosten der Gesundheit und des Wesens der Tiere geht. Die für die frühere Verwendung wesentlichen Verhaltensmerkmale der Tiere, die bei der Ausübung spezieller Aufgaben notwendig waren, spielen in den meisten Fällen nur noch eine untergeordnete Rolle, mit Ausnahme jener Rassen, die noch in den dafür vorgesehenen Arbeitsbereichen eingesetzt werden. Bei den zum großen Teil als Familienhunde gehaltenen Tieren sind die ursprünglichen Rasseeigenschaften teilweise sogar unerwünscht und starke Ausprägungen der Eigenschaften, wie etwa das Jagd- oder Territorialverhalten, werden als Problemverhalten angesehen. Vor allem bei der gemeinsamen Haltung von Hunden und Katzen in einem Haushalt stellen gewisse Rassedispositionen, wie starke Ausprägungen von Jagd-, Bell-, und Territorialverhalten, ein Hindernis für Harmonie und Entspannung im Alltag dar und können eine Vergesellschaftung erheblich erschweren und behindern.

Die Katze wurde nach dem derzeitigen Forschungsstand vor ca. 9000 Jahren domestiziert, allerdings wird vermutet, dass diese Domestikation nicht absichtlich durch den Menschen geschah, sondern durch die Katzen selbst initiiert wurde. Katzen dienten nicht als Nahrung oder Arbeitshilfe wie andere Haustiere, da sie bereits früher, im Gegensatz zu Hunden, als schwer trainierbar galten und alleine auf die Jagd gingen. Außerdem waren sie schwieriger zu ernähren als andere Haustiere, da sie richtiges Fleisch brauchen und sich nicht nur von anfallenden Abfällen der Menschen ernähren konnten wie Hunde.

Katzen suchten selbst die Nähe des Menschen, da in deren Siedlungen durch die von ihnen gelagerten Vorräte Mäuse als günstige Nahrungsquelle ausreichend vorhanden waren. Je weniger Scheu die Katzen zeigten, desto besser war ihr Zugang zu den Mäusen. Die Menschen merkten schnell, dass Katzen keinen Schaden anrichteten, sondern Vorräte sogar vor Schädlingen bewahrten und duldeten ihre Anwesenheit.

Katzen wurden vor etwa 9.000 Jahren im Nahen Osten domestiziert.

Die gezielte Katzenzucht ist mit ca. 100 Jahren bis auf wenige Ausnahmen noch sehr jung. Daher zeigen die verschiedenen Katzenrassen auch wesentlich weniger Variation im Vergleich zu Hunderassen. Die Katzenrassen unterscheiden sich meist nur in Aussehen von Fell, Farbe und Körperform, anders als bei Hunden, die seit Jahrhunderten für spezielle Zwecke gezüchtet werden und nicht nur im Aussehen variieren, sondern auch im Verhalten deutliche Unterschiede zeigen. Am häufigsten anzutreffen sind jene Katzen ohne Rassezugehörigkeit, die klassischen Hauskatzen.

Für die Vergesellschaftung mit Hunden spielt die Rassezugehörigkeit der Katze nur eine untergeordnete Rolle.

Katzen unterscheiden sich generell von Hunden durch ihre vom Menschen zugesprochene größere Unabhängigkeit und Selbstständigkeit. Sie genießen häufig auch unkontrollierten Freigang und ihnen wird ein gewisses Maß an Selbstversorgung gewährt. Sie können ihre Nahrung selbstständig besorgen, das Jagen von Mäusen und anderen Schädlingen ist in den meisten Fällen sogar erwünscht. Katzen wird kaum beziehungsweise keine Unterordnungsbereitschaft zugeschrieben, sie zeigen keinen „will to please", also den Wunsch, dem Menschen zu gefallen und mit diesem kooperieren zu wollen, wie man es von Hunden kennt.

Meine persönlichen Erfahrungen, welche die Trainierbarkeit von Katzen betreffen, zeigen, dass Rassekatzen, die seit Generationen als Wohnungskatzen gehalten werden und somit weniger selbstständig leben als Katzen mit Freigang, offener für Menschen zu sein scheinen, was sich an einer stärkeren Orientierung am Menschen und somit auch erhöhter Trainingsbereitschaft zeigt. Es muss dabei aber bedacht werden, dass die meisten Rassekatzen bei Züchtern in sehr behüteten Heimen aufwachsen und von Geburt an engen Kontakt zu Menschen pflegen. Die erhöhte Kooperationsbereitschaft mit dem Menschen kann daher nicht nur aus der Rassezugehörigkeit allein resultieren, sondern ist ein Mix aus Rassedisposition und Sozialisierung. Da es sich beim Großteil der bei uns lebenden Katzen um Hauskatzen handelt, also Katzen, die keiner bestimmten Rasse zugeordnet werden, können bei diesen keine typischen Eigenschaften festgelegt werden. Die Eigenschaften und die Bereitschaft zur Kooperation mit dem Menschen variieren sehr stark bei Hauskatzen. Letztere ist wohl auch hier vor allem abhängig von der Sozialisierung der Tiere in den ersten Lebenswochen und ihren Erfahrungen mit Menschen.

Katzen sind dem Menschen gegenüber generell unabhängiger und selbständiger als Hunde.

Ausdrucksverhalten von Katze und Hund

–

Gemeinsamkeiten und Unterschiede

Das Ausdrucksverhalten von Hunden und Katzen umfasst sowohl die Körpersprache in Form von Gestik, Mimik, Blickkontakten und Körperhaltung, sowie die Lautsprache der Tiere. Katzen und Hunde weisen hinsichtlich ihres Ausdrucksverhaltens einige Parallelen auf, aber auch große Unterschiede, die das Zusammenleben behindern und erschweren können.

Im Folgenden werden diese Gemeinsamkeiten und Unterschiede der beiden Tiere anhand verschiedener Kategorien und Merkmale erläutert sowie ein Überblick über das Ausdrucksverhalten der beiden Tiere gegeben, um das Verhalten der Tiere bei Begegnungen besser einschätzen zu können.

Ausdrucksmittel von Hunden und Katzen

Hunde und Katzen bedienen sich ihres ganzen Körpers, um Stimmungen und Gefühlslagen auszudrücken. Im Folgenden werden Haltungsformen und Bedeutung von den wichtigsten Körperbereichen der Tiere beschrieben.

Augen

Die Augen werden bei den beiden Tierarten sehr ähnlich zur Verständigung eingesetzt. Langer Blickkontakt und Starren wird als Provokation gesehen, vor allem Katzen liefern sich manchmal regelrechte Starrduelle, um Überlegenheit

auszudrücken. Dies kann tatsächlich so weit gehen, dass sich die rivalisierenden Kater solange anstarren, bis der Schwächere von den beiden nachgibt, seinen Blick abdreht und somit als Verlierer des Duells davonzieht. Blickabwenden und Umherschauen signalisieren dem Gegenüber, dass Streitigkeiten vermieden werden sollen. Blinzeln spielt eine ganz wichtige Rolle in der Kommunikation von Katzen. Es wird als beschwichtigende Geste eingesetzt, um dem anderen zu zeigen, dass man freundlich gestimmt ist. Katzen blinzeln vor allem dann, wenn sie Bezugspersonen oder ihnen vertraute andere Katzen und Tiere begrüßen.

Die Katze reagiert auf den direkten Blick-
kontakt und die frontale Annäherung des
Hundes mit beschwichtigendem Blinzeln.

Bei Hunden ist das Starren und Fixieren ebenfalls ein Drohverhalten. Auch
beim Jagdverhalten zeigt sich ein deutliches Fixieren der möglichen Beute, was
vor allem beim Zusammentreffen mit
Katzen genau im Auge behalten werden
sollte. Der Unterschied zwischen Droh-
und Jagdfixieren kann nur sehr schwer
erkennbar sein, wobei generell gesagt
werden kann, dass ein drohender Hund

mit seinem Gegenüber kommuniziert und
diesem weitere Signale sendet, wohingegen ein jagender Hund nur auf seine Beute
fixiert ist und nicht mit dieser kommuni-
zieren möchte, sondern sich vollends auf
den Jagdvorgang konzentriert. Da beim
Spiel von Hunden häufig Sequenzen des
Jagdverhaltens gezeigt werden, ist es beim
gemeinsamen Spiel mit der Katze besonders wichtig, darauf zu achten, dass das
Spielen nicht in ein Jagdverhalten kippt.
Länger andauerndes Fixieren, ohne zwischendurch den Blick vom Gegenüber
abzuwenden, deutet sehr stark auf den
Beginn von Jagdverhalten hin.

Das typische Fixieren der Schafe (oder anderer Lebewesen bzw. Objekte) beim Hütehund mit dem Blick ist ein Element aus dem Jagdverhalten.

Gewisse Hunderassen, vor allem Hütehunde, neigen sehr stark zum Fixieren, da dieses Verhalten für die Arbeit an den Schafherden in der Zucht speziell selektiert und gefördert wurde, um die Herde genau zu beobachten und gegebenenfalls blitzschnell reagieren zu können, sollten sich Tiere von der Herde entfernen oder flüchten. Beginnen Hütehunde Katzen zu fixieren, sollte dieses Verhalten schnell unterbunden werden, damit die Hunde nicht damit beginnen, die Katze zu hüten. Mithilfe von Training kann den Hunden beigebracht werden, Alternativverhalten bei Begegnungen mit der Katze zu zeigen. Mögliche Vorgehensweisen werden in nachfolgenden Kapiteln vorgestellt.

Ein vom Menschen häufig eingefordertes, für den Hund aber unnatürliches Verhalten ist das andauernde Halten des Blickkontakts des Hundes mit dem Menschen.

Wie bereits erwähnt, ist längerer Blickkontakt kein Zeichen freundlicher sozialer Zuwendung, sondern in den meisten Fällen eine Drohgebärde. Da der Mensch aber die Blickkontaktaufnahme des Hundes ständig einfordern möchte, passt sich dieser an und lernt auch in Situationen, in welchen es für den Hund sehr schwierig und unangenehm ist, Blickkontakt aufzunehmen und zu halten. Dennoch sollte man Hunde nicht lange mit dem Blick fixieren, um bei ihnen keine Unsicherheit oder Bedrohung auszulösen. Dasselbe gilt auch für Katzen. Auch sie finden langes Ansehen unhöflich und bedrohend. Auf keinen Fall sollte man die Tiere untereinander dazu zwingen, sich anzusehen. Das Wegsehen und Blickabwenden ist eines der wesentlichsten Kommunikationszeichen zur Beschwichtigung und Konfliktabwendung und sollte immer gefördert werden.

Ohren

Die Haltung der Ohren spielt bei der Kommunikation sowohl von Hunden als auch von Katzen eine tragende Rolle. Katzen gebrauchen ihre Ohren intensiv zur Orientierung, weshalb die Muskulatur der Ohren sehr ausgeprägt ist. An den Ohren der Katze lassen sich sehr schnell ihre Stimmung und somit auch Schwankungen dieser erkennen. In entspannter, neutraler bis freundlicher Stimmung trägt die Katze ihre Ohren nach vorne gerichtet. Je mehr Interesse vorherrscht, desto spitzer sind die Ohren. Anders zeigt sich die Ohrstellung bei ängstlichem Verhalten. Je unsicherer die Katze ist, desto weiter sind die Ohren nach unten und hinten gezogen. Bei großer Angst werden sie sogar ganz angezogen. Sind die Ohren seitwärts gedreht, zeigt dies eine Kampf- bzw. Verteidigungsbereitschaft an.

Bei Hunden liefert die Stellung der Ohren ebenfalls wichtige Informationen hinsichtlich des Gemütszustands des Hundes. Allerdings zeigen sich große Unterschiede der Ohrstellungen aufgrund der züchterisch selektierten verschiedenen Ohrformen der Hunde. Hunde mit Stehohren zeigen bei den Grundstimmungen ähnliche Ohrhaltungen wie Katzen. In neutraler Stimmung werden die Ohren leicht seitlich aufrecht getragen, bei Unsicherheit oder Angst werden sie nach hinten angelegt. Zeigt der Hund Abwehrverhalten, zieht er die Ohren nach hinten ein, wohingegen er bei offensivem Drohen die Ohren nach vorne auf seinen Gegner ausrichtet. Hunde mit Schlappohren sind in

Nach unten und hinten gezogene Ohren deuten auf Unsicherheit hin.

ihrer Kommunikation eingeschränkt und können diese nicht so deutlich ausrichten wie Hunde mit Stehohren. Je größer und schwerer die Ohren, desto weniger kann der Hund die Ohren drehen und bewegen, weshalb Stimmungen entsprechend schlechter ablesbar sind.

Körperhaltung und Rückenhaare

Die Haltung und Spannung des Körpers der Tiere können deren Stimmung sehr deutlich anzeigen. Die Körperhaltung gibt Auskunft über den Gemütszustand und das eventuelle Vorhaben des Tieres. Spannungen der Muskulatur zeigen ebenso Erregungszustände der Tiere an. Auch die Fellstruktur kann Veränderungen zeigen, etwa aufgestellte Haare im Bereich des Nackens und Rückens. Oftmals wird behauptet, dass aufgestellte Haare in diesen Bereichen Aggressionsverhalten bei den Tieren zeigt. Werden die Haare gesträubt, weist dies allerdings nur auf eine allgemeine Erregung hin. Diese Erregung kann sowohl positiv als auch negativ sein. Deshalb ist es wichtig, immer die gesamte Körpersprache der Tiere zu beachten und nicht aufgrund eines, wenn auch sehr deutlichen Merkmals, auf ein Verhalten zu schließen.

Schwanz und Rute

Der Schwanz bei der Katze bzw. die Rute beim Hund sind wichtige Körperteile zur Verständigung und Mitteilung von Gefühlszuständen. Allerdings zeigen sich bei der Schwanzhaltung und -bewegung bei den beiden Tierarten Unterschiede, was zu Kommunikationsschwierigkeiten zwischen ihnen führen kann.

Für beide Tierarten gilt der Schwanz als eine Art Barometer für Stimmungen der Gefühlslage. Bewegungen weisen auf einen Erregungszustand hin, wobei hiermit nicht gesagt ist, in welche Richtung diese Erregung geht. Sie werden sowohl bei positivem als auch bei negativem Stress gezeigt. Bei Katzen deuten Schwanzbewegungen auf einen inneren Konflikt hin. Je heftiger die Gebärden, die bis hin zu richtigen Peitschenhieben gehen können, desto aufgeregter ist die Katze. Zeigt die Katze heftige Schwanzbewegungen, steht sie oft vor einer Entscheidung, welches Verhalten sie als nächstes zeigen soll, zum Beispiel bei der für sie aufdringlichen Annäherung eines Hundes, bei welcher sie einen möglichen Angriff oder die Ergreifung der Flucht abwägt.

Beim Hund kennt man das klassische Schwanzwedeln als ein Zeichen von Freude und freundlicher Annäherung. Aber auch hier gilt wie bei Katzen:

Rutenbewegungen zeigen eine erhöhte Erregungslage des Hundes, allerdings nicht unbedingt eine freudige Erregung. So kann das Schwanzwedeln zwar eine positive Stimmung ausdrücken, aber auch bei Angriffs- und Drohverhalten gezeigt werden.

Hunde haben in neutraler Haltung eine locker herabhängende Rute. Bei Unsicherheit oder Angst wird der Schwanz eingezogen. Bei Anspannung und Angriffsverhalten wird die Rute hochgetragen.

Bei Katzen zeigen sich ähnliche Schwanzhaltungen, allerdings auch wesentliche Unterschiede, die zu großen Problemen führen können. Bei entspannter, neutraler Stimmung hängt der Schwanz der Katze

Diese Katze sträubt ihr Fell, was besonders am Schwanz zu erkennen ist. Sehr wahrscheinlich ist ihr Blick auf eine mögliche Bedrohung gerichtet, weshalb sie über eine Flucht nachdenkt.

locker herab. Bei freundlicher Annäherung wird der Schwanz steil nach oben getragen. Ist sie unsicher oder ängstlich, hält die Katze den Schwanz nach unten oder zieht diesen bis zum Bauch ein. Bei Angriffsverhalten ist der Schwanz oft gesträubt und wird in Hakenstellung gehalten.

Im Folgenden wird die Bedeutung des Schwanzgrußes der Katze erläutert, der eine wichtige Rolle in der Kommunikation der Katze spielt, aber zu Problemen bei Begegnungen mit Hunden führen kann.

Eine Geste, die immer wieder zu großen Missverständnissen zwischen Hund und Katze führt, ist der sogenannte Schwanzgruß der Katze bei Begrüßung von Artgenossen und Menschen. Die Katze zeigt dies bei freudiger, sozialer Annäherung an eine meist bekannte Katze oder Person. Dabei geht die Katze geradewegs mit hoch erhobenem Schwanz auf das Gegenüber zu. Diese Form der Begrüßung kann sowohl im langsamen Gehen als auch im Schnellschritt stattfinden. Die Katze zeigt diesen Gruß auch gegenüber Hunden, wenn sie sich freundlich annähern will. Und genau hier liegt das Problem: Eine hoch getragene Rute und gerades, direktes Aufeinanderzulaufen bedeutet in der Hundewelt genau das Gegenteil von freundlicher Annäherung. So kann der Hund die an sich freundliche Geste

Diese Katze begrüßt selbstbewusst den Hund, während dieser noch nicht so genau weiß, was er davon halten soll.

der Katze missverstehen und sich durch das für den Hund scheinbar provozierende Verhalten bedroht fühlen. Mögliche Reaktionen des Hundes können dann in Richtung Abwehr bzw. Angriff gehen.

Beim Hund gibt es rassebedingt auch angeborene oder erworbene Schwanzstellungen, die nicht dem typischen Ausdrucksverhalten von Hunden entsprechen, beispielsweise Ringelruten oder durch Kupieren abgetrennte Ruten. Hier muss man rassespezifische Unterscheidungen treffen, da eine entspannte Rutenhaltung bei der einen Rasse eine andere Bedeutung bei einer anderen Rasse haben kann. Dies kann nicht nur unter Hunden zu Missverständnissen führen, sondern auch zwischen Hunden und

Katzen. Dasselbe gilt auch für einige Katzenrassen, deren Schwanz durch gezielte Selektion weggezüchtet wurde. Diesen Tieren fehlen wesentliche Werkzeuge der Kommunikation.

Generell gilt für beide Tierarten: Die Schwanzhaltungen und -bewegungen alleine lassen noch nicht auf den Gemütszustand des Tieres schließen. Einzelne Körpersignale müssen immer im gesamten Kontext betrachtet werden, um verlässliche Aussagen über die Stimmung und das Verhalten des Tieres treffen zu können. Deshalb müssen immer die Signale am ganzen Körper der Tiere abgelesen werden, bevor das Verhalten rein anhand eines Merkmals interpretiert wird.

Lautsprache von Hund und Katze

Die Lautäußerung der beiden Tiere zeigt sehr unterschiedliche Formen, was zu Missverständnissen zwischen Hund und Katze führen kann. Im Folgenden werden die verschiedenen Arten von Lauten bei den Tieren vorgestellt.

Bellen

Das Bellen ist eine Ausdrucksform des Hundes. Während der direkte Vorfahre des Hundes, der Wolf, kaum bzw. nur zur Warnung bellt, kann das Bellen beim Hund mehrere Gründe haben und wird zur Verständigung mit dem Menschen gezeigt. Der Hund drückt durch Bellen seinen inneren Zustand aus. So bellt ein Hund aufgrund von Angst, Nervosität und Aufregung, aus Frust, zur Warnung und Verteidigung oder um Aufmerksamkeit zu erlangen. Bei manchen Hunderassen sind spezielle Formen des Bellens in der Hundezucht besonders gefördert worden. So zeigen Hunderassen mit einer gesteigerten Wachfunktion eine hohe Reaktionsbereitschaft auf Reize, um ihren Menschen durch das Bellen vor sich nähernden Feinden möglichst früh zu warnen. Bei manchen Jagdhunden ist das Bellen beim Hetzen der Beute erwünscht, das sogenannte Spurlautgeben. Andere Jagdhunde hingegen sollen tot aufgefundene Tiere verbellen. Bei Hütehunden wurde das Bellen in der Zucht gefördert, damit sie die Herden bei der Arbeit durch das Bellen antreiben und in Bewegung setzen. Im Zusammenleben mit Katzen hat man gerade beim Kennenlernen der Tiere das Problem, dass das Bellen des Hundes die Katze verschreckt. Deshalb ist es von Vorteil, wenn der Hund lernt, sich in Anwesenheit der Katze ruhig zu verhalten. Nach einiger Zeit gewöhnen sich die meisten Katzen an das Bellen und können die Lautäußerung des Hundes besser einschätzen.

Miauen

Eine Lautäußerung, die nur Katzen zeigen, ist das Miauen. Ähnlich wie das Bellen bei Hunden hat auch das Miauen der Katze verschiedene Gründe und wird in unterschiedlichen Situationen eingesetzt, um dem Menschen bestimmte Dinge mitzuteilen. Viele Katzen miauen bei der Begrüßung ihrer Bezugspersonen. Manchmal geht das Miauen auch in einen hellen Ton, eine Art Murren über. Mit vertrauten Menschen oder anderen Lebewesen gurren und plaudern Katzen regelrecht. Das Murren wird häufig dann gezeigt, wenn man eine schlafende Katze berührt und sie dabei aufwacht. Viele Katzen miauen, wenn sie etwas einfordern, wie beispielsweise Futter, Zugang nach draußen oder Aufmerksamkeit. Katzen können auch bei Anblick möglicher Beute miauen. Manchmal beginnen sie dabei auch zu schnattern, vor allem wenn die Beutetiere nicht erreichbar für sie sind. Katzenbesitzer können dieses Schnattern oft bei Wohnungskatzen hören, die vom Fenster aus Vögel beobachten. Katzen miauen auch, um Schmerzen zu äußern, weshalb der Tierbesitzer seine Katze immer gut beobachten sollte, um das Miauen der Katze richtig einschätzen und bei Bedarf entsprechend handeln zu können. Bei großem Unmut und Schmerzen kann das Miauen in ein richtiges Jaulen und Klagen übergehen.

Schnurren

Schnurren ist ein Laut, den man nur von Katzen kennt. Die Katze äußert ihr Wohlbefinden durch das Schnurren. Schon neugeborene Katzenwelpen schnurren beim Saugen an den Zitzen der Katzenmutter und zeigen somit an, dass es ihnen gut geht. Schnurrlaute werden aber nicht nur eingesetzt, wenn die Katze entspannt ist, sondern auch in für die Katze stressigen Situationen, um sich dadurch selbst zu beruhigen. So schnurren Katzen

bei großer Angst oder Schmerzen. Auf uns Menschen hat Schnurren eine beruhigende Wirkung. Hunde hingegen, die nicht an Katzen gewöhnt sind, missverstehen die Wohlfühllaute der Katze oftmals. Sie nehmen das Schnurren als ein Knurren wahr und fühlen sich durch die schnurrende Katze bedroht. Beginnt die Katze zu schnurren, entfernen sich gut sozialisierte Hunde in den meisten Fällen von der Katze, da sie annehmen, dass diese Abstand haben möchte. Manchmal gehen aber gerade besonders offene, kontaktfreudige Katzen direkt schnurrend auf Hunde zu, was diese in eine enorme Konfliktsituation bringt. Manche Hunde fühlen sich durch das Schnurren derart provoziert, dass sie mit Abwehr- oder Angriffsverhalten reagieren.

Knurren und Grollen

Knurren ist bei beiden Tieren ein deutliches Zeichen von Drohverhalten. Hunde knurren, um ihren Gegenüber zu signalisieren, dass er stoppen und fernbleiben soll, es ist also ein distanzforderndes Lautsignal.

Bei Katzen wird Knurren oftmals kurz vor einem bevorstehenden Angriff gezeigt, es ist also anders als bei Hunden kein Abwehr-, sondern vielmehr ein offensiver Angriffslaut. Das Knurren kann in ein tiefes Grollen übergehen. Häufig folgt darauf eine Beißattacke des Tieres. Kater äußern ihre Angriffsbereitschaft bei Auseinandersetzungen durch richtige Drohgesänge.

Fauchen

Das Fauchen wird von Katzen gezeigt und ist ein Abwehrlaut. Damit will sie ihrem Gegenüber signalisieren, dass sie sich bedroht fühlt und Abstand haben möchte. Beim Fauchen stößt die Katze einen Luftstoß in Richtung ihres Gegners aus, um diesen von sich fernzuhalten. Manchmal wird das Fauchen noch verstärkt durch ein Spucken. Das Spucken wird vor allem bei artfremden Feinden gezeigt, so auch bei Hunden. Für viele Hunde ist das Fauchen ein sehr bedrohlich wirkendes Lautsignal der Katze. Manche Hunde ziehen sich von einer fauchenden Katze zurück, andere reagieren mit aggressivem Verhalten.

Katzen mögen es gar nicht, wenn man ihnen ins Gesicht bläst, und entfernen sich vom Menschen, da dieses Luftausstoßen dem Fauchen ähnelt. Hechelnde Hunde stellen so für viele Katzen ebenfalls ein Problem dar und sie weichen aus, wenn Hunde hechelnde Hunde auf sie zu kommen, selbst wenn sich diese den Katzen nur freundlich annähern wollen.

Das Fauchen ist ein Abwehrlaut.

Kategorien des Verhaltens von Hunden und Katzen

In diesem Kapitel wird das Ausdrucksverhalten von Hunden und Katzen anhand verschiedener Verhaltenskategorien beschrieben und Gemeinsamkeiten und Unterschiede aufgezeigt, die für das Zusammenleben von Bedeutung sind.

Neutrale Haltung

Katzen zeigen in neutraler Stimmung eine entspannte Körperhaltung. Der Schwanz hängt zumeist locker vom Körper herab und zeigt keine Bewegungen. Die Ohren werden aufrecht gehalten, der Blick schweift umher, fixiert dabei nicht. Die neutrale Position kann im Liegen, Sitzen oder Stehen eingenommen werden.

Die neutrale Haltung des Hundes ist abhängig der rassetypischen Merkmale des Tieres. Je nach Rassezugehörigkeit tragen Hunde den Schwanz in unterschiedlichen Positionen. Was bei einer Rasse völlig normal und neutral ist, bedeutet bei anderen Rassen Angst oder Imponierverhalten. Ebenso werden die Ohren je nach Form unterschiedlich getragen. Bei Stehohren sind die Ohren in neutraler Haltung leicht nach außen

gedreht, bei Schlappohren werden diese leicht nach vorne gezogen. Körper und Kopf werden aufrecht gehalten und getragen. Die Gesichtsmuskeln sind glatt und entspannt.

Positive, soziale Verhaltensweisen

Wollen sich Katzen ihrem Gegenüber freundlich annähern, zeigen sie eine aufrechte, nach vorne gerichtete Körperhaltung. Sie gehen direkt mit hoch getragenem Schwanz (siehe Schwanzgruß) auf den anderen zu, richten Ohren und Augen auf ihn aus. Oftmals miauen oder murren sie bei der Annäherung. Bei der Begrüßung wird häufig noch das Reiben des Kopfes und Körpers am Körper des Gegenübers gezeigt, um Duftstoffe zu übertragen und eine Art Gemeinschaftsduft herzustellen. (Genauere Informationen über das sogenannte Allomarkieren der Katze werden unter dem Punkt Markierverhalten angeführt). Viele Katzen blinzeln dabei. Das Blinzeln wird auch als das Lächeln der Katze bezeichnet, da es in ähnlichen Kontexten wie das Lächeln

*Hier zeigen beide Tiere
eine positive Körperhaltung.*

der Menschen gezeigt wird, nämlich um angespannte Situationen zu entschärfen, dem Gegenüber zu signalisieren, dass man ihn mag, sich wohlfühlt und sich freut, ihn zu sehen.

Hunde zeigen bei freundlicher Annäherung an ihr Gegenüber eine entspannte Körperhaltung. Sie schauen den anderen an, ohne ihn dabei zu fixieren. Nach der ersten Annäherung können verschiedene sozio-positive Verhaltensweisen folgen, wie etwa das Riechen, Belecken und Beknabbern von Kopf- bzw. Mund- und Schnauzenbereich, das Pföteln, Spielaufforderungen oder auch Unterwerfungsgesten. Bei der Unterwerfung handelt es sich um ein Zeichen aktiver Demut, bei welcher sich der Hund von selbst auf den Rücken legt, um dem Gegenüber zu signalisieren, dass man Nähe möchte.

Sehr vertraute Tiere zeigen ihre Zuneigung manchmal auch durch gegenseitige Körperpflege.

Große Vorsicht hinsichtlich Unterwerfungsgesten ist hier bei der Katze geboten. Ein wesentlicher Unterschied in der Kommunikation bei Hunden und Katzen zeigt sich bei der abweichenden Bedeutung der Einnahme der Rückenlage bei den Tieren. Bei Katzen gibt es keine Unterwerfungsgesten. Legt sich eine Katze auf den Rücken, tut sie dies nicht, um dem Gegenüber zu signalisieren, dass man keinen Ärger will, sondern genau aus dem entgegengesetzten Grund! Durch die Rückenlage kann die Katze alle ihre Waffen, ihre vier Pfoten, Krallen und ihr Gebiss, auf den Gegner ausrichten und diesen gegebenenfalls angreifen und festhalten. Ein Hund kann diese Warnung schnell missverstehen. Bei Hunden ist das Einnehmen der Rückenlage ein Zeichen passiver oder aktiver Demut und Unterwerfung und hat zum Ziel, sich dem Gegenüber anzunähern und nicht ihn fernzuhalten oder ihn abzuwehren. Legen sich Katzen vor Hunden auf den Rücken, interpretieren diese das Verhalten der Katze häufig falsch und nähern sich noch mehr an. Oftmals passieren in solchen Zusammenstößen Verletzungen, da der Hund zur am Boden liegenden Katze hin schnüffelt und diese sich mit Kratzen, Beißen und Festhalten zu wehren beginnt. Auch wir Menschen müssen mit Verletzungen rechnen, streicheln wir eine am Rücken liegende Katze am Bauch. Um Auseinandersetzungen der Tiere zu vermeiden, kann es gerade am Beginn des Zusammenlebens von Hund und Katze von Vorteil sein, den Hund aus derartig zugespitzten und angespannten Situationen abzurufen, damit er keine schlechten Erfahrungen mit der Katze sammelt und kein Streit zwischen den Tieren entsteht, solange die Beziehung zwischen den Tieren noch nicht gefestigt ist. Selbstverständlich muss ein Hund im Zusammenleben mit der Katze auch lernen, dass eben diese scheinbare Demutsgeste bei der Katze keine Unterwerfung bedeutet, um sich zukünftig richtig zu verhalten und der Katze in diesem Fall besser aus dem Weg zu gehen. Aber gerade am Anfang der Vergesellschaftung sollten derartig negative Erlebnisse möglichst vermieden werden, um eine erfolgreiche Zusammenführung der Tiere nicht zu behindern.

Unsicherheit und Angst

Bei Angst zeigen Katzen eine geduckte Körperhaltung, machen sich klein, ziehen den Kopf stark zum Körper ein, um den Nacken zu schützen, und legen die Ohren dicht an, oftmals so stark, dass man den Eindruck gewinnt, dass die Ohren völlig

Stark angelegte Ohren und Fauchen deuten auf Angst hin.

verschwinden. Schwere Angst kann bei der Katze sogar zu einem sogenannten Verteidigungsschlaf, dem „Cut Off", führen. In extrem belastenden und stresserfüllten Situationen, aus denen sie keinen Ausweg mehr sehen, sind Katzen zu keinen Bewegungen mehr fähig und nehmen diese Position ein. Dieses Verhalten ist häufig bei Tierarztbesuchen zu beobachten.

Unsichere und ängstliche Hunde nehmen eine nach hinten verlagerte Körperstellung ein. Dies zeigt sich durch Beugungen in den Gelenken. Die Rute wird tief getragen, bei großer Angst auch bis zum Bauch eingezogen. Die Ohren werden zurückgezogen, die Pupillen sind erweitert. Je größer die Unsicherheit und Angst des Hundes, desto kleiner macht er sich.

Agonistisches Verhalten

Unter Agonistik werden jene Verhaltensweisen zusammengefasst, welche als Reaktion auf mögliche Bedrohungen und Konflikte gegenüber anderen Artgenossen, Tieren oder Menschen gezeigt werden können. Dazu zählen offensive und defensive Formen des Aggressionsverhaltens, aber auch das Fluchtverhalten, Submission bzw. Unterwerfung (siehe oben) und Beschwichtigung. Bei Hunden wird häufig der Begriff der „Vier

F's" verwendet, um mögliche Reaktionen des Hundes auf eine aktuelle Bedrohung zu beschreiben. Bei den vier F's handelt es sich um Fight, Flight, Freeze und Flirt- Kampfverhalten, Fluchtverhalten, Erstarren bzw. Einfrieren des Hundes und sogenannte Übersprungshandlungen. Letztere dienen dazu, den Gegner durch spielerische Gesten zu besänftigen, wobei kein tatsächliches Spiel stattfindet. Katzen können ebenfalls auf Konflikte und Bedrohungen mit verschiedenen Formen des Aggressionsverhaltens reagieren, sowie mit Fluchtverhalten, Erstarren (die sogenannte Inhibition, bei welcher sich die Tiere nicht mehr bewegen) oder Beschwichtigungssignalen. Unterwerfungsgesten hingegen gibt es bei Katzen nicht.

Fühlt sich ein Tier bedroht, ist eine mögliche Reaktion darauf die Flucht, um die Distanz zu seinem Gegner zu vergrößern. Fluchtverhalten wird dann ausgelöst, wenn die Fluchtdistanz, also jene Entfernung, welche das Tier zur Flucht veranlasst, unterschritten wird. Je nach Individuum kann diese Fluchtdistanz auch einige Meter betragen. Eine Unterschreitung der Fluchtdistanz kann aber auch zu Abwehrverhalten führen, vor allem, wenn die Tiere in die Enge getrieben werden und keine Ausweg finden. Das spielt vor allem in engen Räumen oder bei an der Leine geführten Tieren eine bedeutende Rolle,

da sich die Tiere durch die Beschränkung des Raums oder der Leine nicht mehr frei bewegen und ausreichend Abstand zum vermeintlichen Gegner einnehmen können. Bei der Zusammenführung von Hund und Katze sollte man immer darauf achten, dass die Tiere ausreichend Raum und Ausweichmöglichkeiten zur Verfügung haben, damit sie nicht aufgrund von Überforderung und unzureichenden Fluchtwegen aggressiv reagieren. Auch der angeleinte Hund sollte jederzeit die Möglichkeit haben, sich von der Katze entfernen zu dürfen und nicht zum Kontakt gezwungen werden. Es ist wichtig, auf eventuelle Zeichen von Überforderung zu achten und gegebenenfalls schon im

Der typische „Katzenbuckel" ist zusammen mit dem gesträubten Schwanz ein Abwehrverhalten.

Vorhinein zu reagieren und die Tiere zu trennen.

Das Abwehrverhalten ist eine Form der defensiven Aggression. Katzen zeigen dabei den typischen markanten Katzenbuckel. Das Fell wird gesträubt, um sich möglichst groß zu machen und damit den Feind einzuschüchtern. Bei defensivem Verhalten sind die Tasthaare der Katze nach hinten gerichtet, die Pupillen sind stark erweitert. Begleitet wird das Verhalten durch Fauchen und Spucken, manchmal auch durch Scheinangriffe. Anders zeigt sich das offensive Angriffsverhalten der Katze. Beim offensiven Drohen ist der Rücken der Katze gerade ausgestreckt. Der Schwanz der Katze wird in Hakenstellung gehalten. Die Tiere fixieren ihren Gegner und richten ihren Blick starr auf ihn. Die Pupillen sind dabei nur kleine Schlitze. Die Tasthaare sind nach vorne gefächert. Begleitet wird das offensive Drohen von Knurren, Grollen oder Drohgesang. Beim Aggressionsverhalten kann es aber auch zu Mischformen oder schnellen Überlagerungen der Stimmungen kommen, weshalb nicht immer klar ist, ob die drohende Katze tatsächlich angreift oder nicht.

Der Hund zeigt beim defensiven Drohen häufig Elemente des Angstverhaltens. Die Körperhaltung ist nach hinten verlagert, Ohren, Gesichtsfalten und Lefzen werden nach hinten gezogen. Die Rute wird eingezogen. Der Hund zeigt all seine Zähne, um das Gegenüber möglichst effektiv abschrecken zu können. Die Pupillen sind stark erweitert, der Hund fixiert aber nicht, sondern versucht wegzusehen und den direkten Blickkontakt zu vermeiden. Manchmal schnappt der Hund auch in der Luft nach dem Gegner. Beim offensiven Drohen ist der Hund relativ sicher und richtet alles nach vorne aus. Er fixiert seinen Gegner, fletscht die Zähne, wobei er nur eine kleine, nach vorn gerundete Maulspalte zeigt. Die Rute wird hoch oben getragen. Ohren sind nach vorne gerichtet, das Gewicht nach vorne verlagert. Geht der Hund über zu einem Angriff, wird hier zwischen gehemmten und ungehemmten Angriffsverhalten unterschieden. Beim gehemmten Angriff zeigt der Hund keine Verletzungsabsicht seines Gegners. Der Hund rempelt oder drückt sein Gegenüber nieder und beißt in die Luft oder in das Fell des Gegners, ohne diesen dabei aber zu verletzen. Diese Art von gehemmter Auseinandersetzung wird auch als Kommentkampf bezeichnet und findet sich vor allem bei rivalisierenden Rüden. Bei ungehemmtem Angriffsverhalten hingegen besteht eine Verletzungs- oder gar Tötungsabsicht des Gegners. Die Besonderheit beim Ernstkampf ist, dass dieser völlig lautlos erfolgt. Wie auch bei Katzen, zeigen sich auch bei Hunden selten reine Formen

Der linke Hund droht eher offensiv, der rechte eher defensiv, erkennbar an der stärker nach vorn gezogenen Maulspalte beim linken Hund und der eher zurückgezogenen Maulspalte, der geduckten Haltung und den zurückgelegten Ohren beim Hund rechts.

des agonistischen Verhaltens, sondern die Stimmungen und somit auch die Verhaltensweisen können sich überlagern und innerhalb weniger Sekunden wechseln.

Anders als bei Hunden gibt es bei Katzen keine Kommentkämpfe. Geraten zwei Tiere aneinander, handelt es sich um richtige Beschädigungskämpfe. Ernsthafte Verletzungen passieren deshalb trotzdem

sehr selten, da die überlegenen Tiere den Kampf für sich schnell beenden. Die Katzen gehen ohne Umwege direkt aufeinander zu, greifen an, wobei sie heftige, schnelle Pfotenhiebe austauschen oder sich kurz im Gegner verbeißen.

Ein wesentliches Element des agonistischen Verhaltens, welches im Zusammenleben von Katzen und Hunden eine bedeutende Rolle spielt, um Konflikte möglichst friedvoll zu lösen, ist das Beschwichtigungsverhalten der Tiere. Hunde und Katzen setzen diese gleichermaßen ein, um Spannungen abzubauen und um Konflikte zu deeskalieren. Mithilfe von beschwichtigenden Gesten wird dem Gegenüber signalisiert, dass man einer Konfrontation aus dem Weg gehen bzw. gegebenenfalls eine bereits entstandene beenden möchte. Beschwichtigungssignale bei der Katze sind etwa das Blinzeln mit den Augen, das Umherschauen und Abwenden des Blickes, Kopfes oder Körpers sowie Gähnen und Strecken. Auch intensives Putzverhalten der Katze kann eine beschwichtigende Geste sein, oder die Katze bemerkt scheinbar plötzlich etwas Spannendes und richtet ihre Aufmerksamkeit darauf, um sich von ihrem Gegenüber abzulenken.

Hunde können eine Vielzahl von Verhaltensweisen zur Beschwichtigung und Deeskalation zeigen und vermitteln somit ihrem Gegenüber, dass sie keine negative Auseinandersetzung wollen. Zu den Beschwichtigungssignalen des Hundes gehören die bei den Katzen aufgezählten Gesten wie das Blinzeln, Kopfabwenden und Gähnen.

Weitere Signale sind das über die Schnauze lecken, das Gehen eines Bogens bei Annäherung oder das Schnüffeln auf

Beschwichtigung: Kopf abwenden, Gähnen.

dem Boden. Auch das Heben der Pfote, das sogenannte Pföteln, gehört zu den Beschwichtigungssignalen des Hundes. Hier zeigt sich ein möglicher Reibungspunkt zwischen Hund und Katzen: Katzen zeigen das Heben der Pfote bei inneren Anspannungen oder als Abwehr- und Angriffsverhalten!

Das Heben der Pfote hat bei Hunden und Katzen eine unterschiedliche Bedeutung. Bei Hunden zählt dies zu den Beschwichtigungsgesten, bei Katzen zu Abwehr- bzw. Angriffsverhalten.

Beobachtet man die Katze in der Interaktion mit dem Hund bei diesem Verhalten, sollte man gegebenenfalls eingreifen und den Hund vorher zu sich rufen, bevor die Katze ernsthaft austeilt und dem Hund dabei Verletzungen zufügt, vor allem wenn der Hund sich der Katze mit dem Kopf voran nähert. Hunde können auch beschwichtigend eingreifen, wenn sie zwei andere Individuen trennen wollen, um einen möglichen Konflikt zu entschärfen. Dieses Verhalten wird vom Menschen oftmals als Eifersucht interpretiert, dient aber zur Konfliktvermeidung. Leben im Haushalt mehrere Tiere, kann diese Verhalten beobachtet werden, spielen zwei Tiere etwas zu heftig miteinander oder aber wenn sich ein Streit zwischen den Tieren aufzubauen beginnt.

Dieser Pudelwelpe hier möchte dagegen einfach nur spielen, während der Kater ihn souverän ignoriert.

Das Zeigen von Beschwichtigungsgesten signalisiert nicht nur dem Gegenüber, dass das Tier einen Konflikt vermeiden möchte, sondern kann auch ein Zeichen von

Dieser Hund nähert sich der Katze vorsichtig und freundlich an.

Der Hund beschnüffelt das Gesicht der Katze. Die Katze reagiert mit einer beschwichtigenden Geste und blinzelt.

Die Katze wendet sich vom Hund ab. Der Hund reagiert ebenfalls mit einem Beschwichtigungssignal, indem er sich mit der Zunge das Maul schleckt.

Stress und Überforderung sein. Werden beschwichtigende Signale übergangen, können die Tiere zu Abwehr- oder Fluchtverhalten übergehen. Beobachtet man in der Interaktion mit dem Tier oder der Tiere untereinander Beschwichtigungssignale, sollte man darauf achten, dass es den Tieren nicht zu viel wird und das Verhalten kippt. Die Verwendung der Beschwichtigungsgesten beim Kontakt von Hund und Katze ist selbstverständlich äußerst wünschenswert, aber dennoch kann es notwendig sein, die Tiere in Schutz zu nehmen oder den Tieren kurze Pausen voneinander zu geben.

Jagd- und Beutefangverhalten

Katzen sind hervorragende Jäger. Anders als Hunde jagen sie allerdings nur alleine. Hungergefühle fördern selbstverständlich das Jagdverhalten der Tiere, allerdings gehen Katzen auch unabhängig davon gerne auf die Jagd. Zur Verhaltenskette des Jagens gehören folgende Verhaltensweisen:

◊ Das Ausschau halten und Ansitzen

◊ Das Lauern

◊ Der Angriff

◊ Das Packen der Beute

◊ Der Tötungsbiss

Katzen durchstreifen die Umgebung oder suchen Plätze auf, von welchen sie mögliche Beutetiere beobachten können. Haben sie etwas ins Visier genommen, fixieren sie die Beute und nehmen eine Lauerstellung ein. Dabei ducken sich die Tiere und legen ihre Ohren an. In Zeitlupe heben sie nacheinander ihre Pfoten und bewegen sich so langsam auf ihre Beute zu. Zwischendurch machen sie oft schnelle leise Schritte, um sich noch weiter anzunähern. Wenn sich das Beutetier umsieht, erstarrt die Katze völlig, um nicht

Auch Rassekatzen sind instinktiv hervorragende Jäger.

36

bemerkt zu werden. Ist sie nahe genug am Beuteopfer angekommen, greift die Katze blitzschnell an, packt die Beute und hält sie fest. Die Tötung der Beute erfolgt oft nicht sofort. Viele Katzen lassen ihre Beute sogar wieder frei, um sie anschließend wieder jagen zu können und wiederholen diesen Vorgang mehrfach. Sie werfen und schleudern das Beutetier in die Luft und versetzen ihm Tatzenhiebe. Der Tötungsbiss ist nur optional, ebenso das Fressen der Beute. Viele Katzen bringen anschließend die gefangene Beute tot oder lebendig zu ihren Bezugspersonen.

Bei Hunden zeigt sich ein ähnlicher Ablauf der einzelnen Segmente des Jagdverhaltens. Je nach Rassezugehörigkeit können bestimmte Elemente des Jagdverhaltens bei Hunden stärker ausgeprägt sein. Folgende Bereiche gehören zur Verhaltenskette des Jagdverhaltens des Hundes:

◊ Aufsuchen möglicher Beute

◊ Fixieren

◊ Anpirschen, Abtrennen und Hetzen der Beute

◊ Packen und Verbeißen

◊ Reißen und Totschütteln

Hunde gehen auf die Suche nach potenzieller Beute. Wenn sie eine passende Beute aufgespürt haben, zeigen sie je nach Beutetierart bzw. Größe der Beute unterschiedliche Verhaltensweisen. Bei kleineren Beutetieren wie Mäusen oder Ratten schleichen sich Hund oftmals vorsichtig an, um anschließend ihre Beute anzuspringen, zu packen und totzuschütteln. Größere Beutetiere werden verfolgt und gehetzt, bis es gelingt, sich in ihnen zu festzubeißen und zu töten. Manche Hunde fressen ihre Beute, andere vergraben sie oder Teile davon.

Im gemeinsamen Haushalt von Hund und Katze ist es in den meisten Fällen das Jagdverhalten des Hundes, welches das Zusammenleben der Vierbeiner stört. Aber auch Katzen können Hunde in Ausnahmefällen als mögliche Beutetiere ansehen, nämlich dann, wenn es sich um sehr kleine Hunde handelt. Da Katzen allerdings schnell verstehen, dass es sich bei kleinen Hunden nicht um potenzielle Beuteopfer handelt, löst sich das Problem zumeist rasch auf. Aber bei den ersten Begegnungen und Tagen der Zusammenführung sollten die Katzen ganz genau beobachtet werden, damit keine Zwischenfälle passieren. Das Jagdverhalten des Hundes ist oft sehr viel schwieriger zu kontrollieren, weshalb die Vergesellschaftung viel Zeit und Geduld für intensives Training beanspruchen kann.

Spielverhalten

Das Spielverhalten ist bei beiden Tieren, Hund und Katze, sehr eng mit dem Jagdverhalten verbunden. Die Tiere zeigen beinahe alle Elemente des Funktionskreises des Jagdverhaltens beim Spiel mit Artgenossen, lediglich der Tötungsbiss wird nicht gezeigt. Beim Spielen handelt es sich nicht bloß um einen lustigen Zeitvertreib für die Tiere. Es werden die wichtigen Verhaltensweisen und Abläufe, die die Tiere im Ernstfall benötigen, spielerisch geübt und trainiert. Aber auch Kommunikation und Sozialverhalten wird beim Spielen gelernt, weshalb Spielen mit Artgenossen sehr wichtig ist, um die soziale Verträglichkeit der Tiere zu steigern.

Bei Katzen sind vor allem schnelle Bewegungen Auslöser für spielerisches Verhalten. Sie beobachten, lauern, verfolgen und fangen die potenzielle Beute, halten sie mit ihren Krallen fest und beißen hinein. Deshalb führt ein Spiel mit Katzen manchmal auch zu kleinen Verletzungen.

Hunde zeigen beim Spielverhalten überzeichnete Bewegungsabläufe und schnelle Wechsel zwischen verschiedenen Körperhaltungen. Beim Spielen werden Elemente aus dem gesamten Ausdrucksverhalten des Hundes gezeigt. Eine typische Bewegung, die zur Spielaufforderung gezeigt wird, ist die Vorderkörpertiefstellung des Hundes, welche häufig noch durch hopsendes Umherspringen begleitet wird. Bei Hunden sehr beliebt sind Laufspiele, bei denen sich die Tiere gegenseitig nachrennen, und Kontaktspiele, bei denen Hunde

miteinander ohne Ernstbezug balgen, kämpfen und auch zubeißen. In einem ausgeglichenen Spiel wechseln Hunde die Rollen ab, aber dennoch kann auch ein entspanntes Spiel kippen.

Je nach Vertrautheit von Hund und Katze kann das Spiel zwischen den Tieren sehr unterschiedliche Formen annehmen. Manchmal kommt es auch vor, dass das Spielverhalten nur einseitig ist, das heißt nur einer der beiden sieht die Situation als Spiel an, der andere kann davon nicht begeistert sein. Bei Katzen ist die Rute des Hundes besonders beliebt, da die Bewegungen sehr reizvoll für verspielte Katzen sind.

Gerade junge Katzen sind oftmals sehr verspielt und immer auf der Suche nach potenziellen Objekten zum Nachjagen und Festkrallen, weshalb Hunde vor zu wilden Spielattacken beschützt werden

sollten. Da sich die Katzen gerne aus dem Hinterhalt lautlos anpirschen, erschrecken sie viele Hunde mit ihrem Spielüberfall, was zu Konflikten zwischen den Tieren führen kann. Bei Rennspielen zwischen Hund und Katze kann es der Katze schnell einmal zu viel werden oder der Hund in richtiges Jagdverhalten kippen. Kontaktspiele sind für die meisten Katzen zu grob, weshalb sie sich bei zu intensivem Körpereinsatz beim Spielen vom Hund zurückziehen. Aber es gibt auch immer wieder Beispiele, wo beide Tiere es dulden und genießen, scheinbar grob miteinander zu spielen und auch das Packen und Verbeißen ineinander zulassen.

Markierverhalten

Das Markierverhalten spielt vor allem bei vielen Katzenbesitzern eine große Rolle, da sich sehr oft Probleme im Zusammenleben durch Markieren von Gegenständen und der Einrichtung bemerkbar machen und die Beziehung belasten, was nicht selten sogar zur Abgabe der Katze als letztem Ausweg führt. Nachfolgend werden die verschiedenen Arten des Markierverhaltens der Katze und ihre Rolle bei der Vergesellschaftung von Hund und Katze vorgestellt. Zuletzt folgt eine Beschreibung des Markierverhaltens von Hunden und dessen Bedeutung für das Zusammenleben der beiden Tiere.

Markierverhalten bei Katzen

Katzen markieren Reviere und Gegenstände auf unterschiedliche Arten. Zum Markierverhalten der Katze gehört das Markieren mit Urin und Kot, aber auch das Kratzen mit ihren Krallen und das Reiben und Belecken von anderen Tieren bzw. Bezugspersonen, das sogenannte Allomarkieren. Grund für das Markieren der Katze ist das Übertragen ihres Geruchs und von Pheromonen auf etwaige Plätze oder Gegenstände, sowie auch auf Artgenossen oder andere Lebewesen.

Das Allomarkieren zeigt eine Katze an Gegenständen und gegenüber ihren Bezugspersonen und anderen im selben Haushalt lebenden Artgenossen oder Tieren, so auch gegenüber Hunden. Die Katze streift dabei mit ihrem Körper entlang des Gegenübers und reibt mit ihrem Kopf an dessen Körper. Manchmal folgt auch ein Belecken des anderen, häufig im Kopf- und Halsbereich. Beim Allomarkieren handelt es sich um ein Verhalten der positiven Zuwendung, welches die Zusammengehörigkeit der Tiere stärken und eine Art Gruppengeruch herstellen soll. Diese Form des Markierens trägt aber auch dazu bei, die markierende Katze selbst zu beruhigen, indem sie ihren Geruch auf Objekte und Sozialpartner überträgt.

Beim Kratzmarkieren markiert die Katze durch das Kratzen der Pfoten mit ausgefahrenen Krallen auch optisch für andere sichtbar bestimmte Bereiche und Gegenstände. Die Krallenpflege ist dabei nur Begleiterscheinung. Übermäßiges Kratzmarkieren kann psychisch bedingte Ursachen haben und auch bei Einzug eines Hundes gesteigert gezeigt werden, häufig wird aber einfach nur das völlig normale Kratzverhalten der Katze durch den Menschen als Problem gesehen, da das Kratzen an Gegenständen als unerwünscht gilt. Abhilfe können dabei an den richtigen Stellen angebotene Alternativen schaffen, an denen die Katze das Kratzmarkieren zeigen darf, so zum Beispiel Kratzbäume und andere Kratzmöbel.

Das Markieren der Katze mit Urin oder Kot zählt zu den besonders unerwünschten Verhaltensweisen von Katzen im Zusammenleben mit den Menschen. Wichtig für das Lösen etwaiger Probleme in Bezug auf das Ausscheidungsverhalten bei der Vergesellschaftung von Hund und Katze ist die Unterscheidung zwischen Unsauberkeit und Markierverhalten. So ist abzuklären, ob die Katze normales Ausscheidungsverhalten zeigt, also nur Urin absetzt, oder ob sie damit markiert. Beim Absatz von Kot außerhalb des Katzenklos handelt es sich in den meisten Fällen um Unsauberkeitsprobleme. Für eine genaue Bestimmung

bei Auffinden von Urin an unerwünschten Stellen außerhalb des Katzenklos ist es notwendig, die Katze beim Absetzen des Harns zu beobachten, sowie durch eine tierärztliche Untersuchung mögliche körperliche Ursachen abzuklären. Im Allgemeinen lässt sich eine Unterscheidung zwischen Harnabsatz und Harnmarkieren durch folgende Punkte vornehmen:

◊ Welche Körperhaltung zeigt die Katze dabei?

◊ Welche Gegenstände / Oberflächen / Orte werden aufgesucht?

◊ Welche Harnmenge wird ausgeschieden?

Beim normalen Harnabsatz nimmt die Katze eine hockende Position ein, meistens wird versucht nach dem Absetzen die Stelle zu verscharren. Das Material, auf das die Katze den Urin absetzt, ist häufig textil oder glatt und weist eine waagrechte Oberfläche auf. Die Katze scheidet dabei eine größere Harnmenge aus als beim Harnmarkieren. Bei Letzterem zeigt die Katze eine aufrechte, stehende Körperhaltung und es werden vor allem senkrechte Oberflächen markiert sowie Gegenstände, die verstärkt Gerüche und Pheromone von anderen Tieren oder Menschen aufweisen.

Gründe für Unsauberkeit bei der Katze können sowohl physische als auch psychische Ursachen haben. Ganz oft liegt das Problem dabei beim Katzenklo selbst – so müssen Form und Größe des Klos, Katzenstreu, Ort und die Anzahl der Klos berücksichtigt werden. Harnmarkieren wird vor allem in Haushalten gezeigt, in denen eine für die Katzen wahrgenommene Spannung vorliegt. Unkastrierte Tiere markieren wesentlich häufiger als kastrierte Kater und Katzen, aber die Kastration stellt keine verlässliche Lösung hinsichtlich etwaiger Probleme durch das Harnmarkieren dar. Im Zusammenleben mit Hunden zeigen Katzen häufig diese Form des Markierens vor allem an Gegenständen und Orten, die besonders nach dem Hund riechen bzw. häufig vom Hund aufgesucht werden, so zum Beispiel Hundedecken, -körbe und andere Liegeplätze sowie Türen und Wandecken, an denen die Tiere häufig anstreifen. Ursachen der wahrgenommenen Spannung können die neuen Gegebenheiten und Herausforderungen für die Katze durch das Zusammenleben mit einem Hund sein, etwa die für die Katze neuen und intensiven Gerüche, die Veränderungen des Alltags, Unruhe und Stress, aber auch Vernachlässigung durch den Besitzer. So kann die Katze aus Angst oder aber auch positiver Erregung gegenüber dem Hund den Bereich des Katzenklos nicht mehr aufsuchen oder den Futterplatz meiden und aufgrund von Hungergefühlen zusätzlich Spannung aufbauen. Verminderte Aufmerksamkeit durch den Menschen aufgrund des neuen Familienmitglieds kann ebenso zu Frustration bei der Katze führen und Markiererhalten fördern.

Besonders wichtig für das Verstehen und Lösen etwaiger Probleme mit unerwünschtem Markierverhalten der Katze ist die Einsicht, dass Katzen dieses Verhalten nicht aus Protest zeigen! Der Mensch versucht häufig, Harnmarkieren als Eifersucht oder Racheverhalten der Katze zu interpretieren und nicht selten wird die Katze sogar bestraft, um das Verhalten zukünftig zu unterbinden. Strafmaßnahmen führen aber auf beiden Seiten nur zu Frustration und Stress und können der Beziehung zueinander erheblichen Schaden zufügen und die Probleme sogar verschlimmern. Deshalb ist es notwendig bei Unsauberkeits- und Markierverhalten der Katze die gesamte Situation zu betrachten, mögliche Ursachen abzuklären und entsprechende Managementmaßnahmen zu ergreifen, um Unsauberkeitsprobleme zu lösen bzw. Spannungen, die zum Markieren der Katze führen, abzubauen.

Markierverhalten bei Hunden

Wie bei der Katze ist auch bei Hunden das normale Ausscheidungsverhalten, d.h. der Absatz von Kot und Urin, vom Markierverhalten zu unterscheiden. Beim Markieren setzen die Tiere ihren Harn bzw. Kot an gezielt vorher beschnüffelten, manchmal auch beleckten Stellen ab, um ihren Geruch zu hinterlassen. Sie liefern dabei wichtige Informationen für die nachfolgenden Tiere, wie etwa über die körperliche Fitness, das Alter oder sie legen damit auch territoriale Grenzen oder Besitzansprüche fest. So markieren Hunde Gegenstände, um anderen damit zu verdeutlichen, dass diese einem selbst gehören. Rüden markieren mit einem hochgestreckten Hinterbein. Hündinnen nehmen eine hockende Position ein, manchmal aber markieren auch diese mit einem erhobenen Bein, um den Geruch noch höher zu platzieren. Oftmals folgt dem Harnmarkieren ein Scharren und Kratzen mit den Hinterbeinen am Boden, vermutlich, um den Geruch noch weiter zu verteilen und auch ein optisches Signal zu setzen.

Beim Zusammenleben von Hunden und Katzen in einem Haushalt spielt das Markierverhalten des Hundes in den meisten Fällen eine eher untergeordnete Rolle im Vergleich zur Katze. Aber auch hier können Probleme mit unerwünschtem Markierverhalten des Hundes im Wohnbereich auftreten. Hier gilt wie auch bei Katzen, mögliche Probleme immer im Gesamtkontext zu betrachten, Ursachen und Auslöser herauszufinden und Maßnahmen zu treffen, um das Wohlbefinden der Tiere wiederherzustellen und somit die Unsauberkeits- bzw. Markierverhaltensproblematik zu lösen. Nie sollte man Strafen anwenden, um den Hund von zukünftigem Markieren bzw. Harn- und Kotabsatz abzuhalten, da das Einsetzen von Strafen die Probleme oftmals noch verstärken und die Situation für die Tiere immer stresserfüllter wird. Stattdessen ist es notwendig, Spannungen zu lösen und den Tieren das richtige, gewünschte Verhalten zu zeigen und zu bestärken, in diesem Fall das Unterlassen des Markierens/ Harnabsetzens im Wohnbereich und das Verrichten im Freien bzw. auf dem Klo.

Die Vergesellschaftung von Hund und Katze: Einflussfaktoren

Bei der Vergesellschaftung von Hund und Katze sind vorab einige Faktoren zu beachten, die den Verlauf der ersten Begegnungen und das Zusammenleben wesentlich beeinflussen. Im Folgenden werden die wichtigsten Punkte angeführt, die bei einer geplanten Zusammenführung von Hund und Katze zu berücksichtigen sind.

Das Alter der Tiere

Das Alter der Tiere hat einen großen Einfluss auf den Verlauf der Zusammenführung. Generell kann man sagen, dass die Vergesellschaftung umso konfliktfreier verläuft, je jünger die beiden Tierarten sind. Wachsen Katzen- und Hundewelpen miteinander auf, gibt es in den seltensten Fällen im Erwachsenenalter Konflikte unter den Tieren. Natürlich gibt es auch hier Ausnahmen, weshalb trotz den guten Startvoraussetzungen die Vergesellschaftung kontrolliert und behutsam ablaufen sollte.

Die Sozialisierungsphase, also jene Phase, in der eine intensive Entwicklung des Gehirns und dessen Verbindungen stattfindet und Welpen besonders aufnahmefähig für neue Umweltreize sind, ist nur relativ kurz. Bei Hunden dauert die Sozialisierungsphase etwa bis zur 16. Lebenswoche, wobei hier rassebedingte und individuelle Unterschiede möglich sind.

Bei Katzen dauert die Phase der Sozialisierung sogar nur bis zur siebten Lebenswoche. Das bedeutet, dass in vielen Fällen diese Phase mit dem Einzug beim neuen Tierbesitzer häufig schon abgeschlossen ist und es sich empfiehlt, dass Katzenwelpen, die in ihrem zukünftigen Zuhause mit Hunden zusammenleben, diese idealerweise bereits beim Züchter bzw. beim Halter der Katzenmutter kennenlernen. Selbstverständlich sollten junge Katzenwelpen nur solche Hunde kennenlernen, die mit Katzen gut verträglich sind, um nicht schon in dieser wichtigen Phase schlechte Erfahrungen mit Hunden zu sammeln. Dasselbe gilt natürlich auch für Hundewelpen.

Schwieriger gestalten sich häufig die Zusammenführungen von bereits erwachsenen oder alten Tieren. Zieht ein Katzen- bzw. Hundewelpe zu einem bereits älteren Tier, sind Letztere oftmals überfordert

mit dem ungestümen und wilden Spielverhalten der jungen Welpen. Katzen
genießen hier den Vorteil, dass sie sich
besser zurückziehen können als Hunde,
sollte ihnen ein Hundewelpe zu viel Tru-
bel erzeugen. Sie können leichter erhöhte
Plätze oder andere Stockwerke aufsuchen,
oder im Fall von Freigängerkatzen, also
Katzen, die freien Zugang nach draußen haben, sich in den Garten oder in
die Nachbarschaft flüchten. Hunde haben
größere Probleme damit, sich vor wilden
Jungkatzen in Sicherheit zu bringen und

sind daher deren spielerischen Attacken
intensiver ausgesetzt. In solchen Fällen
sollte man immer ein Auge auf die Tiere
haben. Selbst der geduldigste Vierbeiner
kann bei starker Bedrängung mit Abwehr
reagieren!

*Bei der Vergesellschaftung von Hund und
Katze gibt es häufig weniger Probleme, je
jünger die Tiere sind.*

Erfahrungen der Tiere

In den meisten Fällen haben die Tiere vorab schon gewisse Erfahrungen mit der anderen Tierart gesammelt. Je nachdem, wie diese Erfahrungen für die Tiere verlaufen sind, sprich positiv oder negativ, können diese die Zusammenführung von Hund und Katze begünstigen oder gar erheblich erschweren. Viele Tiere speichern die erlebten Erfahrungen mit der anderen Tierart ab und übertragen diese schnell auf jede weitere Begegnung. Hat ein Hund beispielsweise sehr positive Erfahrungen mit einer Katze gemacht, wird er vermutlich versuchen, sich anderen Katzen freudig anzunähern und sie eventuell zum Spielen aufzufordern. Eine Katze, die bereits einmal von einem Hund gejagt wurde, wird nach derartigen Erlebnissen in der gerade beschriebenen Situation wohl eher die Flucht ergreifen. Umgekehrt werden Hunde, die schlechte Erfahrungen mit Katzen gemacht haben, diese vertreiben und angreifen wollen oder ängstliches Verhalten gegenüber ihnen zeigen, wohingegen Katzen, die bisher nur positive Begegnungen mit Hunden hatten, sich diesen gegebenenfalls zu forsch annähern könnten. Wenn die Tiere die Körpersprache des jeweils anderen noch nicht kennen, kann dies zu Konflikten führen. Im Kapitel über das Ausdrucksverhalten der Tiere wurden die wesentlichsten Punkte, die die Körpersprache von Hund und Katze betreffen, erläutert.

Vor allem bei der Vergesellschaftung von älteren Tieren ist es ganz wichtig, sich nicht bloß auf pauschale Aussagen der Vorbesitzer zu verlassen, was die Verträglichkeit angeht. Gerade bei Hunden zeigt sich sehr oft, dass diese zwar mit jenen Katzen, mit denen sie zusammengelebt haben, auskommen, andere Katzen aber nicht mögen oder jagen. Es ist natürlich eine sehr gute Voraussetzung, wenn der Hund bereits in seinem vorherigen Zuhause mit Katzen zusammengelebt hat und die Chancen, dass er auch im neuen Heim die Katzen akzeptiert, ist sehr groß, allerdings nicht selbstverständlich. Auch hier sollten die Tiere die ersten Wochen nicht unbeobachtet miteinander allein gelassen werden und die Zusammenführung sollte schrittweise stattfinden.

Gleiches gilt auch für hundeerfahrene Katzen. Es ist nicht selbstverständlich, dass eine Katze, die das Zusammenleben mit Hunden gewöhnt ist, jeden weiteren Hund ebenso akzeptiert. Führt man eine Zusammenführung durch, gilt dies immer nur für die jeweils vergesellschafteten Tiere. Das spielt vor allem in Haushalten mit mehreren Katzen oder Hunden eine große Rolle. Jeder Hund bzw. jede Katze muss mit jedem anderen Tier zusammengeführt werden. Das Vorgehen bei einer Zusammenführung von mehreren Tieren in einen Haushalt wird in einem nachfolgenden Kapitel beschrieben.

Wichtig: Die Verträglichkeit gilt immer nur verlässlich für die bekannten Tiere untereinander! Akzeptiert der Hund die Katze im eigenen Haushalt problemlos, sagt dies überhaupt nichts über seine Verträglichkeit mit anderen Katzen aus. Ganz im Gegenteil: Viele Hunde leben zwar ohne Schwierigkeiten mit eigenen Katzen im Haushalt zusammen, jagen aber fremde Katzen oder haben sie sogar „zum Fressen" gern!

Es gibt auch Fälle, in denen von einer gemeinsamen Vergesellschaftung eher abzuraten ist, da die Tiere zu großen Gefahren und zu viel Stress ausgesetzt sind. Hat ein Hund nachweislich bereits Katzen schwer verletzt oder gar getötet, ist von einer gemeinsamen Haltung in einem Haushalt abzuraten. Die Gefahr, die für die Katze besteht, ist hier einfach zu groß. Entsprechende Managementmaßnahmen können zwar das Zusammentreffen der Tiere kontrollieren bzw. verhindern, aber dennoch passieren selbst den aufmerksamsten Haltern Fehler, und dies hat bei manchen Konstellationen tödliche Folgen.

Beziehung zum Menschen

Bei der Zusammenführung sollten die Tiere nicht sich selbst überlassen werden, sondern der Tierbesitzer muss anwesend sein, um die Situation zu kontrollieren und gegebenenfalls jederzeit eingreifen zu können, sollten Konflikte zwischen den Tieren aufkommen oder diese mit der Situation überfordert sein. Die Vergesellschaftung läuft umso entspannter für die Tiere ab, je mehr Vertrauen sie in ihre anwesenden Bezugspersonen haben. Die Tiere sollten spüren, dass ihr Besitzer für sie da ist und ihnen Schutz bietet. Außerdem akzeptieren viele Tiere die neuen Mitbewohner besser, wenn sie sehen, dass ihre Bezugsperson diese willkommen heißt. Deshalb empfiehlt es sich, das erste Zusammentreffen der Tiere nicht sofort bei Ankunft des neuen Mitbewohners im Zuhause abzuhalten, sondern den Tieren genügend Zeit zu geben, um anzukommen und eine Beziehung zum Tierbesitzer zu entwickeln. Im Kapitel über die ersten Schritte der Zusammenführung gibt es einige Vorbereitungsübungen, die man bereits vor dem ersten direkten Zusammentreffen der Tiere trainieren kann, um jenes dann stressfreier zu gestalten.

Je nachdem, wie groß das Vertrauen in den Besitzer ist und wie sich die Beziehung zu diesem gestaltet, kann dies auch die Vorgehensweise bei der Zusammenführung beeinflussen. Fühlt sich die Katze beispielsweise auf dem Arm des Besitzers beschützt, kann dieser die Katze halten, während sich der Hund annähert. Fühlt sich die Katze nicht dabei wohl, im Arm gehalten zu werden, ist davon abzuraten, um für die Katze Stress und beim Besitzer

Verletzungen durch die Krallen der Katze zu vermeiden. Da Hunde und Katzen sehr sensibel auf die Stimmung des Besitzers reagieren, ist es besonders wichtig, dass dieser selbst möglichst entspannt bleibt und mit ruhiger und freundlicher Stimme mit den Tieren spricht, um diese Entspannung auf die Tiere zu übertragen. Ist der Tierbesitzer zu nervös oder ungeduldig, kann das dem Verhältnis der Tiere schaden. Für eine kontrollierte Durchführung der Vergesellschaftung kann man auch einen erfahrenen Tiertrainer zu sich nach Hause bestellen. Dieser unterstützt den Tierbesitzer bei der Zusammenführung von Hund und Katze, vermittelt sowohl den anwesenden Menschen als auch den Tieren Ruhe und Sicherheit und kann gegebenenfalls eingreifen, sollten Komplikationen auftreten.

Eigenschaften und Rassedispositionen der Tiere

Jedes Tier, Hund und Katze, bringt individuelle Charaktereigenschaften mit, die den Verlauf der Vergesellschaftung und das spätere Zusammenleben beeinflussen. Es gibt Tiere, die selbstbewusster und neugieriger sind, und andere, die

eher scheu und zurückhaltend agieren. Je nach Temperament der Tiere reagieren sie unterschiedlich auf neue Reize und Stressoren. Unsichere oder ängstliche Tiere benötigen mehr Zeit, um Vertrauen zu fassen als selbstbewusste Tiere.

Deshalb muss man das Training selbst und sein Tempo an den Charakter der Tiere anpassen.

Aufgrund der Rassezugehörigkeit der Tiere lassen sich einige Wesensmerkmale und Dispositionen vorhersagen, die ebenfalls bei der Vergesellschaftung zu berücksichtigen sind. Bei Rassekatzen gibt es gewisse Wesenszüge, die als typisch für die jeweilige Rasse gelten. So zeigen Perserkatzen zumeist ein ruhiges, zurückhaltendes Verhalten, wohingegen Bengalkatzen sehr aktiv und freiheitsliebend sind. Da es sich aber bei den meisten bei uns gehaltenen Katzen um normale Hauskatzen handelt, lassen sich bei diesen keine genauen Einteilungen machen. Die Hauskatze kann alle möglichen Eigenschaften mit sich bringen.

Bei Hunden lassen sich aufgrund der Rassezugehörigkeit genauere Aussagen über ihr Verhalten und ihren Charakter treffen. In der Hundezucht wurde nicht nur rein anhand äußerer Merkmale selektiert, sondern es wurden gezielt bestimmte Verhaltensweisen, wie etwa das Jagdverhalten mit seinen verschiedenen Elementen, oder das Wach- und Verteidigungsverhalten selektiert. Bei der Zusammenführung von Hund und Katze sind daher schon im Vorhinein mögliche Ausprägungen diverser Eigenschaften des Hundes zu bedenken, die die jeweilige Rasse mit sich bringen kann. So sind folgende Punkte zu beachten, vor allem dann, wenn der Hund bereits erwachsen ist:

Zeigt der Hund Katzen oder anderen Tieren gegenüber generell Jagdverhalten? Wenn ja, welche Elemente der Verhaltenskette des Jagdverhaltens zeigt er? Läuft er nur nach, solange sich die Katzen bewegen, hetzt er sie, packt oder tötet er sogar? Sichert er sein Territorium oder andere Ressourcen? Agiert der Hund sehr selbstständig?

Je nach Ausprägung der verschiedenen Eigenschaften muss gut überlegt werden, ob eine Vergesellschaftung sinnvoll ist und welche besonderen Vorkehrungen und Maßnahmen dabei getroffen werden müssen, um die Sicherheit und das Wohlbefinden der Tiere zu gewährleisten. Selbstverständlich lässt die Rassezugehörigkeit allein keine verlässlichen Aussagen über die Eigenschaften der Tiere zu, da diese ganz unterschiedlich stark ausgeprägt sein können. Aber dennoch sind gewisse Rassemerkmale zu bedenken, vor allem, wenn die Tiere nicht miteinander aufgewachsen, sondern bereits erwachsen sind. Ein Hund aus einer jagdlich geführten Zucht, der bereits ausgewachsen ist und nicht mit Katzen zusammengelebt hat, wird sehr wahrscheinlich Jagdverhalten gegenüber einer vor ihm davonlaufenden Katze zeigen. Je nach Ausprägung kann das Jagdverhalten bis hin zum Schritt des Packens und Tötens des vermeintlichen Jagdobjekts gehen, weshalb besondere Vorsicht beim Zusammenführen der Tiere geboten ist oder sogar in manchen Fällen von der Vergesellschaftung abzuraten ist.

Gehorsam der Tiere

Der Gehorsam spielt bei der Katze nur eine untergeordnete Rolle, da sich diese in den meisten Fällen sehr unabhängig im Haushalt bewegen darf und sich kaum an durch den Menschen vorgegebene Regeln halten muss. (Die Trainierbarkeit von Katzen und mögliche hilfreiche Übungen und Regeln im Zusammenleben mit Hunden werden in nachfolgenden Kapiteln erläutert).

Der Gehorsam des Hundes hingegen kann einen großen Einfluss auf die Herangehensweise und den Verlauf der Zusammenführung und des gemeinsamen Zusammenlebens haben. Beherrscht der Hund diverse Übungen und Kommandos, wie etwa ein gut trainiertes Abbruchsignal oder einen verlässlichen Rückruf, lassen sich Begegnungen zwischen Hund und Katze viel besser kontrollieren und das Eingreifen bei Problemen gestaltet sich wesentlich einfacher. Ein Hund, der noch gar keine Grundkommandos beherrscht und beim Anblick einer Katze nicht ansprechbar ist oder sogar sehr lautstark mit Bellen reagiert, verschreckt die Katze zu sehr und sollte vor der Zusammenführung ein Training absolvieren, um besser führ- und kontrollierbar zu sein. Ein guter Gehorsam des Hundes bedeutet nicht nur für die Katze weniger Stress, sondern erleichtert auch für den Hund selbst die Situation erheblich. Welche Kommandos und Signale für den Hund beim Zusammenleben von Hund und Katze empfehlenswert sind, wird im weiteren Verlauf vorgestellt.

Einstellung des Menschen und Anforderungen an ihn

Ein wichtiger Punkt, der unbedingt angeführt und im Vorfeld der Vergesellschaftung genau bedacht werden sollte, ist die Einstellung des Menschen zur Haltung von Hund und Katze und seinen persönlichen Ressourcen, die er zur Verfügung hat. Der zukünftige Hunde- und Katzenbesitzer muss sich klar bewusst sein, dass die Zusammenführung der Tiere nicht von heute auf morgen funktionieren und gegebenenfalls sehr lange Zeit in Anspruch nehmen kann, bis die Tiere problemlos miteinander gehalten werden können. Eine genaue Zeitdauer für den Vergesellschaftungsvorgang lässt sich nicht festlegen – so muss man in einigen Fällen mit Wochen bis sogar Monaten rechnen. Dies erfordert viel Geduld von allen Beteiligten. Außerdem muss bei schwierigen Fällen sichergestellt werden, dass die Tiere räumlich getrennt werden können und keine Gefahr besteht, dass sie unkontrolliert aneinander geraten. Nicht zuletzt muss der Mensch für sich selbst klar definieren, was er von der Vergesellschaftung der Tiere erwartet. In vielen Haushalten läuft diese glücklicherweise sehr konfliktfrei und harmonisch ab und die Tiere entwickeln innige Freundschaften, teilen sogar Spielzeuge und Schlafplätze miteinander. Manchmal erreicht man aber nur ein Miteinander-Auskommen der Tiere. Sie dulden sich gegenseitig, führen aber keine Beziehung auf freundschaftlicher Basis und gehen sich lieber aus dem Weg. In diesen Fällen kann nicht mehr erzwungen werden, auch wenn der Mensch sich das gerne wünschen würde. In einigen Fällen ist ein sorgenfreies Zusammenleben nie möglich und es erfordert eine ständige Kontrolle und Überwachung der Tiere. Der zukünftige Halter muss sich darüber im Klaren sein und gegebenenfalls für mögliche Alternativen sorgen, sollte die Vergesellschaftung scheitern oder das Zusammenleben für die Tiere mehr Nachteile als Vorteile bringen.

Training von Hund und Katze

Für einen möglichst reibungslosen Ablauf der Zusammenführung von Hund und Katze ist es in vielen Fällen notwendig, den Tieren gewisse Dinge beizubringen, damit sich diese in bestimmten Situationen richtig verhalten. Dass man mit Hunden viele Übungen und Kommandos trainieren kann, ist den meisten Tierhaltern dabei bewusst. Wie man aber auch Katzen beibringen kann, gewisse Verhaltensweisen zu zeigen bzw. unerwünschtes Verhalten zu unterlassen, versucht kaum jemand umzusetzen. Im Folgenden werden allgemeine Aspekte des Trainings von Hunden und Katzen erläutert sowie der Einsatz des Clickers im Training vorgestellt.

Allgemeines

Für das Lernen von Hund und Katze gelten dieselben biologischen Gesetzmäßigkeiten. Das Lernen ist ein immer stattfindender Prozess. Auch wenn die Tiere gerade nicht trainiert werden, sondern pausieren oder gar schlafen, ist das Gehirn mit der Aufbereitung von Informationen beschäftigt. Diese Ruhephasen sind für die Tiere extrem wichtig, um gemachte Erfahrungen verarbeiten zu können. Bei der Zusammenführung der Tiere ist deshalb besonders darauf zu achten, die Trainingseinheiten besser kurz, dafür immer entspannt und erfolgreich zu halten.

Das Training von Hund und Katze sollte nicht auf Basis von Druck und Strafe stattfinden. Abgesehen davon, dass der Umgang für alle im Umfeld Beteiligten – Hund, Katze und Menschen – wesentlich entspannter ist, wenn man auf derartige Trainingsmethoden verzichtet, ist es auch eine Notwendigkeit zur Einhaltung der geltenden gesetzlichen Bestimmungen zur tierschutzkonformen Ausbildung. Außerdem gehen Bestrafungen der Tiere oftmals mit dem Verlust des Vertrauens in die Bezugspersonen, Angst und anderen negativen Gefühlen einher. Durch den falschen Einsatz von Strafreizen besteht die Gefahr der Entstehung falscher negativer Verknüpfungen mit anderen Umweltreizen, was zu zusätzlichen Problemen führen kann oder die vorhandenen verstärkt.

Oftmals zeigen Hunde bei Begegnungen mit Katzen für den Menschen unerwünschte Verhaltensweisen – sie knurren, bellen, jagen und verfolgen Katzen. Viele Hundebesitzer reagieren in diesen Situationen mit Schimpfen und Strafen des Hundes – ein großer Fehler! Auch wenn man das Verhalten des Hundes damit nur unterbinden möchte, sollte man sich immer vor Augen halten, welches Ziel erreicht werden soll: ein entspanntes Miteinander von Hund und Katze! Schimpfe und bestrafe ich den Hund dafür, wenn er sich der Katze unerwünscht nähert, wird der Hund auch zukünftig kein entspanntes Verhalten beim Anblick der Katze zeigen. Das negative Gefühl, das der Hund empfindet, wenn er die Katze sieht, verschwindet durch das Bestrafen nicht, ganz im Gegenteil: Durch Strafen und Schimpfen werden die negativen Gefühle des Hundes oftmals noch verstärkt! Auch wenn es vielleicht zunächst den Eindruck macht, dass der Hund durch das Schimpfen und Strafen das unerwünschte Verhalten einstellt – die Katze bleibt in den Augen des Hundes ein ungebetener Gast, und in einem vom Menschen unbeobachteten Moment oder einer stressigen Situation kann sein Verhalten umschlagen und die angestauten, unterdrückten Emotionen entladen sich, was eine große Gefahr für die Tiere darstellt.

Reagiert der Hund unerwünscht auf die Katze, müssen die Gegebenheiten derart angepasst werden, dass der Hund in Anwesenheit der Katze ruhig bleiben und für dieses erwünschte Verhalten gelobt und belohnt werden kann. Das erfordert viel Geduld vom Besitzer und kann einige Tage, Wochen oder sogar Monate in Anspruch nehmen. In manchen Fällen laufen Vergesellschaftungen völlig selbstverständlich und problemlos ab – viele erfordern Zeit und entsprechende Managementmaßnahmen! Selbstverständlich ist es manchmal auch notwendig, die Tiere zu korrigieren, aber der Einsatz von Korrekturmaßnahmen muss entsprechend kontrolliert erfolgen. Im nachfolgenden Kapitel über die Vorbereitung der Tiere wird der mögliche Aufbau einen Abbruchsignals erläutert.

Wie für den Hund gilt auch für die Katze, dass Strafen und Schimpfen nicht als Maßregelungsmaßnahmen bei unerwünschtem Verhalten gegenüber dem Hund eingesetzt werden sollen! Wie bereits am Anfang des Kapitels erwähnt, lernen auch Katzen nach denselben Gesetzmäßigkeiten. Im Folgenden wird eine Methode vorgestellt, mithilfe derer sowohl Hunde, also auch Katzen optimal trainiert werden können: Das Clickertraining.

Clickertraining

Bei der Ausbildung von Hunden findet der Clicker bereits in vielen Hundeschulen Anwendung. Dass damit auch Katzen trainiert werden können, ist dagegen noch nicht sehr weit verbreitet. Im Folgenden werden die Grundlagen des Clickertrainings erläutert und dessen Einsatzmöglichkeiten bei der Zusammenführung und gemeinsamen Haltung von Hund und Katze vorgestellt.

Was ist Clickertraining?

Beim Clickertraining handelt es sich um eine Ausbildungsmethode, bei welcher mittels der sogenannten operanten Konditionierung erwünschtes Verhalten des Tieres verstärkt wird.

Der operanten Konditionierung liegt das Prinzip von Lernen am Erfolg bzw. Misserfolg zu Grunde. Erstmals befasste sich Edward Lee Thorndike mit diesem Lernvorgang. Es besagt, dass ein Verhalten häufiger gezeigt wird, wenn es belohnt wird, oder andersherum wird ein Verhalten seltener auftreten, wenn es bestraft wird. Je nachdem, welche Konsequenz für das Tier folgt, wird das Verhalten durch diese Konsequenz bestimmt.

Das Clickertraining bedient sich eines positiven konditionierten Verstärkers, das heißt das Tier erhält bei Zeigen von erwünschtem Verhalten eine Belohnung. Unerwünschtes Verhalten der Tiere wird beim Clickertraining nicht aktiv bestraft, sondern ignoriert.

Man spricht deshalb von Clickertraining, da dieser konditionierte Verstärker normalerweise durch einen sogenannten Clicker, eine kleine Box, die durch Ausüben von Druck auf eine Metallplatte ein Clickgeräusch verursacht, erzeugt wird. Alternativ zu einem handelsüblichen Clicker kann aber genauso ein selbst gewähltes Wort oder Geräusch zum konditionieren Verstärker, auch Markersignal genannt, werden, ebenso optische Reize oder Berührungen (diese Formen von Verstärkern müssen etwa bei tauben oder anders eingeschränkten Tieren in Betracht gezogen werden).

Vorteile des handelsüblichen Clickers sind einerseits die leichte Handhabung, da er schnell und einfach bedient und mitgeführt werden kann, und andererseits zeigen aktuelle Forschungsergebnisse, dass das Clickgeräusch an sich schneller verarbeitet werden kann als gesprochene Lobworte, da es im Gehirn direkt auf das Emotionszentrum, die sogenannte Amygdala, wirkt. Es wird somit schnelleres Lernen ermöglicht, da der Reiz, das Clickgeräusch, ohne Umwege oder mögliche Begleitumstände direkt auf das Gehirn wirkt. Gesprochene Worte hingegen müssen zunächst eingeordnet und interpretiert werden und gelangen so erst auf Umwegen über die Großhirnrinde zum gewünschten Verarbeitungsbereich im Gehirn.

Das Clickgeräusch, der sogenannte sekundäre, konditionierte Verstärker, kündigt für das Tier eine Belohnung an. Wird das Tier geklickt, erfährt es dadurch, dass das Verhalten, welches es im Moment des Clicks gezeigt hat, erwünscht ist und belohnt wird. Zukünftig wird es dieses Verhalten öfter und gerne zeigen, weil es gelernt hat, dass es dadurch die Chance auf eine weitere Belohnung erhöht. Ganz wichtig zu betonen ist dabei, dass auf das Clickgeräusch immer eine Belohnung folgen muss, auch wenn Hund oder Katze bereits gewisse Signale schon gut beherrschen. Der Click ist ein Versprechen für das Tier, eine Belohnung zu erhalten. Hört man damit auf, die Tiere nach dem Click zu belohnen, verliert dieser sehr schnell an Bedeutung und die Tiere werden verunsichert.

Einsatz des Clickers im Training

Beim Training von Hund und Katze kann das Clickertraining in vielen Bereich eingesetzt werden, um das Training zu unterstützen. Mithilfe des Clickertrainings können einerseits den Tieren nützliche Kommandos und Signale beigebracht werden, die die Zusammenführung und das Zusammenleben der Tiere erleichtern, und andererseits kann Clickertraining auch dabei helfen, positive Verbindungen mit dem jeweils anderem Tier oder bestimmten Situationen herzustellen.

Vor dem Einsatz des Clickers in Trainingssituationen ist es notwendig, das Clickgeräusch ausreichend zu konditionieren, damit sichergestellt ist, dass bei Hund und Katze auch die entsprechende Reaktion auf das Clickgeräusch erfolgt. Das Clickgeräusch soll bei den Tieren ein positives Gefühl auslösen. Erreicht wird diese positive Reaktion durch klassische Konditionierung. Das allbekannte Beispiel dieser Form des Lernprozesses ist das Experiment von Pawlow und seinem Hund, der durch entsprechende Konditionierung eines Glockentons mit Futter den Speichelfluss des Hundes durch diesen konditionierten Glockenton auslöste. Der Vorgang funktioniert folgendermaßen:

Durch die zeitliche Kopplung eines zunächst für das Tier neutralen Reizes (ein sekundärer Verstärker, im Falle des Clickertrainings das Clickgeräusch) mit einem reflexauslösenden Reiz (ein primärer Verstärker, etwa Futter oder Spielzeug) wird der ursprünglich neutrale Reiz ebenso zu einem reflexauslösenden Reiz. Das Tier lernt: ertönt das Clickgeräusch, erfolgt eine Belohnung. Um diesen Konditionierungsprozess umzusetzen, bereitet man am besten ganz besonders gute Belohnungsstücke für die Tiere vor. Sind diese aufmerksam, erfolgt der Click und innerhalb von zwei Sekunden sollte für Hund und Katze die Belohnung erfolgen. Diesen Vorgang kann man mehrmals hintereinander mehrfach am Tag an mehreren darauffolgenden Tagen wiederholen.

Auch für Tiere, die das Clickgeräusch bereits gut abgespeichert haben und dessen Bedeutung kennen, ist es immer wieder von Vorteil, den Click zwischendurch durch diese Konditionierungsübung mit besonders guten Belohnungen aufzufrischen.

Ist der Click konditioniert, kann der Clicker bei ersten Übungen eingesetzt werden. Der Click erfolgt dann, wenn das Tier gerade die erwünschte Handlung zeigt, anschließend erhält seine Belohnung. Mögliche erste Übungen sind etwa Kommandos wie Sitz, Platz oder ein

Aufmerksamkeitssignal, oder aber Targetübungen, bei welcher die Tiere Körperteile oder Gegenstände berühren sollen. Der Einsatz von Targets im Training von Hund und Katze wird im Kapitel über die gemeinsamen Beschäftigungsmöglichkeiten vorgestellt. Ist der Clicker ausreichend aufgebaut, sind seinem Einsatz keine Grenzen gesetzt und er kann beim Aufbau verschiedenster Übungen und Tricks, aber auch bei Lernen von Alternativverhalten bei Verhaltensproblemen eingesetzt werden. In nachfolgenden Kapiteln werden die Einsatzmöglichkeiten des Clickers beim Begegnungstraining von Hund und Katze vorgestellt.

Beim Training mit Katzen kann sich die Verwendung des Clickers anfangs etwas schwieriger gestalten, da es manchmal gar nicht so leicht ist, für die sehr wählerischen Stubentiger die passenden Belohnungen zu finden. Nehmen Katzen gerne Belohnungen an, erleichtert dies das Training enorm. Fressen sie aber nur zögerlich oder gar nicht, muss sehr viel Geduld mitgebracht werden, um den Tieren ausreichend Zeit zu lassen und geeignete Belohnungen auszutesten. Auch wenn es zu Beginn so aussieht, als ob es nicht funktionieren würde, muss man den Tieren nur ausreichend Zeit lassen, um sich an das Training zu gewöhnen. Am besten man trainiert mit den Tieren, wenn sie etwas hungrig sind und in einer für sie gewohnten, entspannten Umgebung, um für optimale Trainingsbedingungen zu sorgen.

Die Katze berührt den Targetstick mit ihrer Nase und erhält dafür nach dem Click ihre Belohnung.

61

5 Die Vergesellschaftung – Vorbereitung

Für einen harmonischen Beginn des Zusammenlebens von Hund und Katze ist eine konfliktfreie, entspannte erste Begegnung wünschenswert. Schon im Vorfeld kann man die Tiere aufeinander vorbereiten, um diese erste Begegnung zwischen den Tieren zu optimieren. Im Folgenden werden verschiedene Maßnahmen vorgestellt, die bereits ohne ein direktes Aufeinandertreffen von Hund und Katze die ersten Schritte des gegenseitigen Kennenlernens der Tiere ermöglichen und gute Voraussetzungen für die direkte Begegnung schaffen.

Austausch von Gerüchen

Ob beim Züchter, im Tierheim oder privaten Vergaben – bei Besuch des neuen Tieres, Hund oder Katze, kann man bereits dafür sorgen, dass die zukünftigen Mitbewohner einander anhand des Geruchs kennenlernen, ohne sich dabei zu sehen. Sowohl bei Hunden als auch bei Katzen spielt der Geruch eine besonders große Rolle in der Interaktion.

Besucht man vorab das neue Tier im alten Zuhause, kann man darum bitten, einen Gegenstand mitnehmen zu dürfen, der nach dem Tier riecht, z. B. eine Decke, auf der sich der Geruch des Tieres sammelt. Hier ist es sogar wünschenswert, wenn Haare des Tieres darauf sind, da diese besonders intensiv riechen. Umgekehrt kann man einen Gegenstand des eigenen Tieres mitbringen, damit auch der zukünftige Bewohner bereits im Vorfeld den Geruch des anderen kennenlernen kann. Bei Hunden eignen sich getragene Brustgeschirre, Halsbänder und Leinen dazu, da an diesen auch sehr viel Geruch haftet.

Vorsicht: Bürsten mit Haaren des frisch frisierten Tieres sind ein hervorragender Geruchsträger, aber einige Tiere verbinden mit dem Bürsten und Kämmen negative Gefühle, wenn sie es nicht mögen oder schlechte Erfahrungen gemacht haben. Daher sollten keine Gegenstände zum Austausch verwendet werden, mit denen die Tiere negative Assoziationen verknüpfen. Dies gilt selbstverständlich auch für andere Gegenstände, die bei den Tieren negative Gefühle hervorrufen. Weiß man über Probleme Bescheid, gilt dies bei der Auswahl der Geruchsträger zu berücksichtigen.

Es ist wichtig, dass der Geruch am Geruchsträger auch gleich positiv für das Tier besetzt wird. Eine Möglichkeit, um den Tieren zu zeigen, dass der Geruch des jeweils anderen etwas Gutes bedeutet, ist, besonders beliebte und schmackhafte Belohnungen auf und um die Gegenstände des jeweils anderen zu verteilen, die sie dann suchen und fressen dürfen. Man kann diesen Vorgang unterstützen, in dem man freundlich mit dem Tier spricht, um ihm bei der Suche zu helfen und eine weitere positive Assoziation zu den Dingen bzw. dem Geruch durch die vertraute, freundliche Stimme herzustellen. Man kann auch bereits den Namen des anderen Tieres dabei aussprechen, damit die Tiere eine freudige Erwartungshaltung einnehmen, wenn sie zukünftig den Namen des Hundes bzw. der Katze hören.

Für all jene, die meinen, bei dieser Übung sei Vorsicht geboten: Man braucht sich keine Sorgen machen, dass die Tiere aufgrund der Futterbelohnung den anderen deshalb mehr als mögliche Nahrung ansehen! Die Futtergabe unterstützt den Prozess der positiven Assoziation mit dem Geruch des jeweils anderen, ein mögliches Jagd- oder gar Tötungsverhalten wird dadurch aber nicht verstärkt.

Niemals sollte man den Tieren den Geruchsgegenstand aufdrängen.

Entscheiden sich die Tiere, von den Gegenständen erstmals Abstand zu halten, ist das völlig in Ordnung. Man sollte jedem Tier die Zeit lassen, die es braucht, um sich den Gegenständen anzunähern und ihnen jederzeit die Möglichkeit lassen, wieder von diesen wegzugehen. Manche Tiere stehen fremden Gerüchen eher skeptisch gegenüber, vor allem dann, wenn sie bereits negative Erfahrungen mit anderen Tieren gemacht haben.

Der Austausch von Gerüchen kann auch mittels Raumtausch der Tiere stattfinden. Dies empfiehlt sich vor allem bei länger andauernden Vergesellschaftungen, bei der die Tiere langsam aneinander gewöhnt werden müssen aber schon in einem gemeinsamen Haushalt leben. Die Tiere werden in den Aufenthaltsbereich des jeweils anderen geführt, während dieser nicht anwesend ist. Auch hier kann man schon im Vorfeld Belohnungen auslegen, die das Tier beim Begehen dann finden und aufnehmen kann. Dies ist gerade für scheue Katzen eine gute Möglichkeit, den Geruch des Hundes in aller Ruhe kennenzulernen. Geht man mit dem Hund zum Spaziergang raus, hat die Katze Gelegenheit, den Wohnbereich des Hundes stressfrei zu erkunden, ohne dabei vom Hund aufgeschreckt und gestört zu werden. Außerdem können nach der Katze riechende Gegenstände und Plätze als Trainings- und Ablenkungsobjekte

genutzt werden, um diverse Signale und Kommandos mit dem Hund zu trainieren. (Eine Beschreibung des Aufbaus von Aufmerksamkeits- und Folgesignalen erfolgt im nächsten Kapitel).

Die Katze schnüffelt interessiert an Brustgeschirr, Maulkorb und Haarbürste des Hundes während dessen Abwesenheit.

Um eine positive Verbindung mit dem Geruch des Hundes herzustellen, darf diese Katze kleine Belohnungsstücke zwischen den Geruchsgegenständen des Hundes suchen und fressen.

Vorbereitung des Hundes – nützliche Maßnahmen und Übungen

Ein wesentlicher Vorteil für die Zusammenführung von Hund und Katze ist ein Hund, der bereits gewisse Grundkommandos beherrscht und auch in schwierigen, ablenkungsreichen Situationen kontrollierbar ist. Im Folgenden werden Übungen und Maßnahmen vorgestellt, um den Hund bereits im Vorhinein auf die Zusammentreffen mit der Katze vorzubereiten.

Maulkorbtraining

Für die Sicherheit auf beiden Seiten, die der Katze, aber auch die des Hundes selbst, empfiehlt sich bei schwierigen Zusammenführungen, den Hund einen Maulkorb tragen zu lassen. Dieser schützt sowohl die Katze vor Bissen als auch den Hund selbst vor Verletzungen bei einer möglichen Gegenwehr der Katze. Da Hunde gerne dicht an den Katzen schnuppern wollen, fühlen diese sich oftmals überfordert und schlagen nicht selten mit ihren Pfoten in den Gesichtsbereich der Hunde. Ein Maulkorb kann auch hier für den Hund einen gewissen Schutz bieten.

Wichtig für die Verwendung eines Maulkorbes bei der Vergesellschaftung von Hund und Katze ist neben der Wahl eines passenden, gut sitzenden Maulkorbs auch eine vorangegangene Gewöhnung des Hundes an diesen. Für die meisten Hunde ist das Tragen des Maulkorbs zu Beginn unangenehm, weshalb im Vorfeld langsam damit begonnen werden sollte, das Tragen zu trainieren, damit der Hund den Maulkorb gerne trägt.

Wird dem Hund der Maulkorb beim Zusammentreffen erstmals aufgesetzt oder ist er noch zu wenig an den Maulkorb gewöhnt und empfindet es als unangenehm oder sogar als Strafe, diesen zu tragen, kann sich das sehr negativ auf die Begegnung mit der Katze auswirken. Einerseits kann der Hund negative Gefühle beim Anblick der Katze entwickeln, da er ihre Anwesenheit mit dem Aufsetzen des Maulkorbs verknüpft, andererseits kann er so abgelenkt und mit dem Herunterstreifen des Maulkorbs beschäftigt sein, sodass er die Katze zu wenig wahrnimmt.

Maulkorbgewöhnung

Hier eine kurze Anleitung für die Gewöhnung des Hundes an einen Maulkorb:

◊ *Wahl eines geeigneten Maulkorbs*

Der Maulkorb sollte gut und bequem sitzen und sich vom Hund nicht herunterstreifen lassen. Außerdem sollte der Hund trotz Maulkorb problemlos hecheln und trinken können. Vor allem die Möglichkeit der Gabe von Belohnungen durch das Gitter des Maulkorbs ist für das Begegnungstraining von Hund und Katze essenziell. Im Handel sind verschiedene Modelle erhältlich, wobei man einen Korbmaulkorb wählen sollte. Diese gibt es in unterschiedlichen Materialen (Leder, Plastik, Stahldraht, Biothane). Von einer Maulschleife ist abzuraten, da hier der Hund nicht hecheln oder Wasser bzw. Belohnungen aufnehmen kann. Beim Kauf des Maulkorbs sollte man den Hund unbedingt vorher zur Anprobe mitbringen, um sicher gehen zu können, dass der gewählte Maulkorb passt.

◊ *Vorübungen*

Um den Hund an das Tragen des Maulkorbs zu gewöhnen, ist es schon vorab möglich, ihn durch gewisse Vorübungen darauf vorzubereiten. So kann man etwa das Berühren und Umfassen der Hundeschnauze trainieren, damit der Hund Körperkontakt in diesem Bereich besser zulässt. Immer wenn dieser Berührungen im Schnauzenbereich zulässt und dabei ruhig bleib wird er gelobt und belohnt. Erweitert werden kann diese Übung durch ein Band oder eine Schnur, die vorsichtig auf die Schnauze des Hundes gelegt oder herumgeschlungen wird. Bleibt der Hund auch bei dieser Übung ruhig, wird er dafür sofort gelobt und belohnt. Wichtig dabei ist, dass kein Zwang ausgeübt wird, sondern die Vorübungen in entspannter, spielerischer Atmosphäre durchgeführt werden.

◊ *Gewöhnung an das Tragen des Maulkorbs*

Man sollte dem Hund den Maulkorb niemals sofort überstreifen, um ihn damit nicht zu überfordern und die Akzeptanz des Maulkorbs dadurch zu erschweren. Je länger man sich Zeit lässt und je kleiner die Schritte sind, in denen man trainiert, desto gelassener wird der Hund später den Maulkorb tragen! Der Hund darf, bis er vollständig an den Maulkorb gewöhnt ist, auch nie alleine gelassen werden, wenn er ihn trägt, um zu verhindern, dass er ihn abstreift und sich möglicherweise dabei verletzt. Außerdem sollte der Maulkorb außerhalb des Trainings nicht in

Reichweite des Hundes liegen, damit dieser den Korb nicht zerstören kann.

Zu Beginn zeigt man dem Hund den Maulkorb in einer entspannten Situation und lässt ihn daran schnuppern. Jede Annäherung an den Maulkorb wird dabei stimmlich gelobt. Dann kann man den Maulkorb in die Hand nehmen und durch das Gitter eine Belohnung halten. Der Hund kann so von selbst seine Schnauze in den Maulkorb stecken und die Belohnung fressen. Wichtig dabei ist, dass der Hund selbst sein Maul in den Korb führt und auch entscheiden kann, wann er sich wieder davon abwenden möchte. Um die Dauer des Kontakts mit dem Maulkorb zu steigern, eignen sich Streichwurst oder Streichkäse besonders dazu,

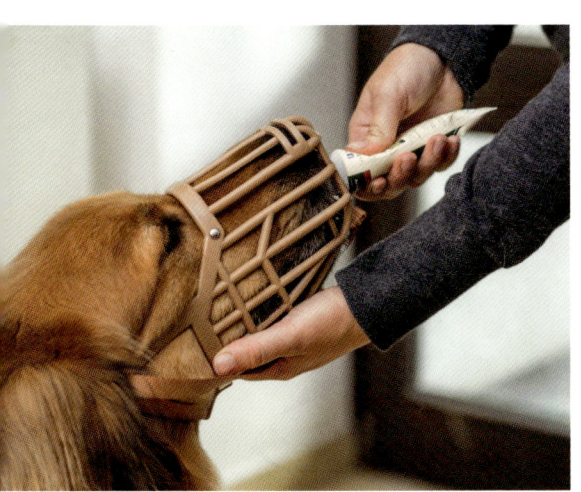

da man damit das Gitter des Maulkorb einschmieren kann und der Hund länger beschäftigt ist, die Belohnung abzuschlecken.

Steckt der Hund freudig seine Nase in den Korb, kann langsam damit begonnen werden, den Maulkorb zu verschließen. Dieser Prozess wird von Tag zu Tag wiederholt, wobei die Dauer des Tragens langsam gesteigert wird. Die Übung sollte am besten immer dann beendet werden, solange der Hund den Maulkorb noch entspannt trägt und nicht zu versuchen beginnt, den Korb abzustreifen. Verhält sich der Hund beim Tragen des Maulkorbs im Sitzen bzw. Stehen oder Liegen ruhig, sollte man das Tragen auch in Bewegung üben. Besonders geeignet dafür ist der Beginn der täglichen Spaziergänge, da der Hund in den meisten Fällen gleich am Anfang besonders abgelenkt ist von den neuen Gerüchen in der Umgebung und das Tragen des Maulkorbs weniger bewusst wahrnimmt. Nach wenigen Wochen kann die Zeit des

Damit der Hund seine Schnauze beim Maulkorbtraining zunehmend länger im Korb behält, kann man Streichwurst verwenden, da er länger mit dem Abschlecken der Belohnung beschäftigt ist.

Tragens immer weiter ausgedehnt werden, sodass der Hund den Maulkorb auch über eine längere Zeit problemlos trägt und dieser dann auch beim Begegnungstraining mit der Katze eingesetzt werden kann.

Um die Sicherheit der Tiere zu gewährleisten, sollte der Hund gegebenenfalls bei Begegnungen einen Maulkorb tragen. Der Hund sollte vorher ausreichend daran gewöhnt werden. Außerdem ist es wichtig, dass der Maulkorb für den Hund angenehm zu tragen ist und er Wasser und Futter durch die Stäbe aufnehmen kann.

Leinentraining und Ansprechbarkeit bei Ablenkung

Für die Gewährleistung der Sicherheit der beiden Tiere ist es zu empfehlen, den Hund bei der ersten Begegnung angeleint an die Katze heranzuführen. So kann man vermeiden, dass der Hund die Katze zu stürmisch begrüßt, und es wird verhindert, dass der Hund die Katze jagen kann. Viele Katzen reagieren mit Flucht, wenn sie einen Hund sehen. Das Weglaufen der Katze wiederum löst ein Nachlaufen beim Hund aus. Das passiert auch bereits bei jungen Hunden und Welpen, da sie der bewegten Katze folgen wollen. Es sollte immer so gut es geht vermieden werden, dass der Hund der Katze nachlaufen kann.

Die Leinenführung sollte bereits im Vorfeld geübt werden. Beim Anblick der Katze sollte die Leine des Hundes locker durchhängen, um nicht zusätzlich durch die Leine Spannung aufzubauen. Außerdem sollte man den Hund nicht mit der Leine wegzerren, wenn er die Katze zu fixieren beginnt oder selbst zu ihr hinzieht. So ist es von Vorteil, wenn der Hund ein Aufmerksamkeitssignal kennt, auf das er mit Blickkontaktaufnahme zu seinem Halter reagiert, sowie ein Folgesignal, auf welches er zu seinem Besitzer kommt bzw. mit diesem mitgeht, wenn er sich entfernt. Zu langes Starren und Fixieren der Tiere kann die Situation zuspitzen. Hat der Hund gelernt, auf ein Signal den Blick abzuwenden, kann dies dazu beitragen, die Situation zu entschärfen. Dies signalisiert dem Gegenüber ein Zurücknehmen und trägt für das Tier selbst ebenso bei, die Situation zu beruhigen. Durch klar aufgebaute Signale kann der Hund stressfreier aus der Situation herausgeführt werden. Wichtig für beide Signale ist es, diese vorher ausreichend in verschiedenen ablenkenden Situationen zu üben.

Aufbau und Übungen Aufmerksamkeitssignal und Folgesignal

Aufmerksamkeitssignal:

Der Hund soll lernen, auf ein Geräusch oder Wort zu reagieren und bei Gabe dieses Signals Blickkontakt mit dem Hundebesitzer aufzunehmen. Es kann dafür jedes beliebige Wort oder Geräusch aufgebaut werden, wobei sich Geräusche besonders gut dazu eignen, da sie sich von der Alltagssprache abheben und für gewöhnlich nur bei Ansprache des Hundes verwendet werden. Mögliche Geräusche sind etwa kurze Pfiffe oder das Schnalzen mit der Zunge oder den Lippen.

Zunächst muss das Signal für den Hund eine positive Bedeutung gewinnen. Hierfür nimmt man am besten Belohnungen für seinen Hund, die er gerne mag, aber selten erhält, damit der Hund das Signal möglichst rasch und intensiv positiv verknüpft. Man bereitet die Belohnungen vor, lässt den Hund direkt vor sich stehen oder sitzen, und wenn er erwartungsvoll zu einem sieht, gibt man das Signal und dem Hund eine Belohnung. Diesen Vorgang wiederholt man mehrfach an unterschiedlichen Orten über mehrere Tage hinweg. Um zu überprüfen, ob der Hund das Signal bereits abgespeichert hat, kann man versuchen, das Geräusch in einem Moment zu geben, wo der Hund gerade unaufmerksam oder mit etwas anderem beschäftigt ist. Reagiert er dann darauf und dreht sich zu seinem Besitzer, hat das Signal bereits die gewünschte Bedeutung erhalten. Dieser Konditionierungsvorgang kann immer wieder zur Auffrischung wiederholt werden.

Danach wird das Signal unter zunehmender Ablenkung eingesetzt. Man kann es im Alltag zuhause oder auf den täglichen Spaziergängen trainieren oder aber bestimmte Übungssituationen selbst herstellen. Zu Beginn übt man in einer ablenkungsarmen Umgebung. Wenn der Hund gerade nicht zu seinem Besitzer sieht, gibt dieser das Aufmerksamkeitssignal. Sobald der Hund seinen Kopf Richtung Besitzer dreht und Blickkontakt mit diesem aufnimmt, wird der Hund gelobt und belohnt. Nach und nach wird die Ablenkung gesteigert. Man kann das Signal geben, wenn der Hund gerade an einer spannenden Stelle schnuppert oder in der Entfernung fremde Personen oder andere Hunde sieht. Oder aber man legt selbstgewählte Ablenkungen aus, wie etwa Futter oder Spielzeug und versucht die Aufmerksamkeit seines Hundes zu erlangen, wenn er zu den ausgelegten Ablenkungen hin will. Wichtig ist, mit dem angeleinten Hund zu trainieren, um zu verhindern, dass er zu den Ablenkungen hinlaufen kann und das Aufmerksamkeitssignal ignoriert. Reagiert der Hund nicht auf die Gabe des Signals, ist die Ablenkung vermutlich zu schwierig oder aber das Signal noch nicht ausreichend aufgebaut! In diesem Fall muss noch verstärkt an der Konditionierung gearbeitet bzw. unter weniger Ablenkung trainiert werden.

Folgesignal:

Für das Führen eines Hundes ist es empfehlenswert, ein Signal aufzubauen, auf welches er seinem Besitzer nachgeht. Der Hund braucht dabei nicht direkt zu seinem Besitzer kommen und sich setzen, sondern soll diesem lediglich in die entsprechende Richtung nachfolgen, wo der Besitzer gerne hin möchte. Als Signal kann jedes beliebige Wort aufgebaut werden. Häufig verwendete Folgesignale sind etwa „Komm" oder „Weiter". Der Hund befindet sich neben dem Besitzer, dieser gibt dem Hund das Folgesignal und zeigt mit der Hand an, in welche Richtung er gehen möchte. Außerdem setzt er sich in Bewegung und geht selbst schon ein bis zwei Schritte in die gewünschte Richtung vor. Folgt der Hund dem Besitzer nach, wird er sofort mit der Stimme gelobt und gegebenenfalls für das Mitgehen belohnt. Wichtig dabei ist, dass der Hund in der Bewegung belohnt wird, da sonst die Gefahr besteht, dass er lernt, von selbst immer anzuhalten, damit er dann für das erneute Weitergehen eine Belohnung bekommt.

Ähnlich wie beim Aufmerksamkeitssignal sollte auch beim Trainieren des Folgesignals die Ablenkung langsam gesteigert werden. Mögliche Übungen sind etwa das Wegführen von Futter, Spielzeug, anderen Hunden oder Menschen. Besonders schwierig wird es dann, wenn der Hund unbedingt zu den gewählten Ablenkungen hin will oder sich bereits damit beschäftigt.

Die beiden Signale, Aufmerksamkeitssignal und Folgesignal, können auch kombiniert werden: Interessiert sich der Hund für eine Sache, wird er zunächst mithilfe des Aufmerksamkeitssignals angesprochen und anschließend mit dem Folgesignal von der Ablenkung weggeführt. Dies ist vor allem dann eine gute Übung, wenn der Hund zur Ablenkung nicht hin soll oder nicht hin darf. Wichtig dabei ist, dass mit lockerer Leine gearbeitet wird. Ein Wegziehen des Hundes an der Leine sollte unterlassen werden. Reagiert der Hund nicht auf die gegebenen Signale, sollte man nach und nach die Leine kürzer fassen und sich dabei auf den Hund zu begeben. Dreht er sich auch beim Näherkommen noch immer nicht von der Ablenkung weg, kann auch Futter vor die Nase des Hundes gehalten werden, um ihn so wegzulocken. Lässt er

trotz dieser Versuche nicht ab, sollte man vorsichtig ins Geschirr greifen und den Hund so aus der Situation führen. Der Geschirrgriff bzw. das Führen des Hundes mit der Hand am Geschirr wird am besten zusätzlich geübt, damit der Hund im Ernstfall nicht erschrickt und sich leichter führen lässt.

Vorbereitungsübung für die Begegnung mit der Katze

Eine Möglichkeit, um das Aufmerksamkeits- und Folgesignal noch ohne direkten Kontakt zwischen Hund und Katze zu trainieren, ist das Auslegen von Gegenständen, die nach der Katze riechen, wie etwa eine Haarbürste, ein Spielzeug oder eine Decke. Der entsprechende Gegenstand wird ausgelegt und der Hund wird an der Leine darauf zu geführt. Wenn er sich für den Gegenstand interessiert, wird das Aufmerksamkeitssignal gegeben, damit er sich vom Gegenstand wegdreht. Dafür wird der Hund sofort gelobt und belohnt. Kombiniert mit dem Folgesignal kann dann noch trainiert werden, den Hund vom ausgelegten Gegenstand wegzuführen bzw. daran vorbeizuführen, ohne dass er direkt hingelangt. Bei diesen Übungen lernt der Hund, trotz des ablenkenden Katzengeruchs ansprechbar zu bleiben und sich auch von diesem nach Aufforderung wegführen zu lassen.

Um die Ansprechbarkeit und Leinen-
führigkeit des Hundes bei Ablenkung zu
trainieren, kann man einen spannenden
Gegenstand auslegen und den Hund darauf zuführen. In diesem Fall handelt es
sich um ein aus gesammelten Katzenhaa-
ren selbstgebasteltes Fellstück.

Der Hund wird zum ausgelegten Gegenstand geführt. Ist die Leine locker, darf er
weiter darauf zugehen.

Der Hund darf an den ausgelegten Katzen-haaren schnüffeln.

Nach Gabe eines Aufmerksamkeitssig-nals soll sich der Hund vom Gegenstand abwenden und zum Besitzer blicken. Die-ser unterstützt den Hund mithilfe eines Handzeichens, damit sich der Hund nach Gabe des Folgesignals gemeinsam mit sei-nem Besitzer an lockerer Leine vom Gegen-stand entfernt.

Ruhekommandos und Impulskontrolle

Zwei wesentliche Faktoren, die für den Erfolg bei der Zusammenführung von Hund und Katze eine tragende Rolle spielen, sind ruhiges Verhalten und die Impulskontrolle des Hundes. Zu hektische, schnelle Bewegungen können die Katze schnell verschrecken, weshalb Ruhekommandos wie „Sitz", „Platz" und „Bleib" dabei helfen, Unruhe zu vermeiden und den Hund vor allem in der ersten Zeit der Vergesellschaftung in für die Katze leichter annehmbaren Positionen zu halten. Da Katzen im allgemeinen Jagdverhalten bei Hunden auslösen, ist es wichtig, an der Impulskontrolle seines Hundes zu arbeiten, um eben diese Reaktionen auf die Reize Katze und Bewegung besser kontrollieren zu können.

Impulskontrolle beschreibt dabei die Fähigkeit des Hundes, Reaktionen auf Reize zu kontrollieren bzw. zu unterdrücken. Sie ist keine beliebig verfügbare Ressource, sondern nur in gewissem Maß vorhanden. Sie wird durch verschiedene Situationen, denen sich der Hund im Alltag stellen muss, aufgebraucht, und benötigt anschließend Entspannung, Schlaf und Nahrung, um diese Reserven wieder aufzufüllen. Daher sollte man sich immer vor Augen halten, dass man seinen Hund nicht zu vielen reaktionsauslösenden Reizen aussetzt. Da Impulskontrolle nicht unbegrenzt vorhanden ist, muss dem Hund gerade bei den ersten Begegnungen mit der Katze immer ausreichend Zeit und Raum für Entspannung und Erholung eingeräumt werden.

Bevor der Hund die Kommandos auch unter schwierigen Bedingungen ausführen kann, müssen diese natürlich zuvor in einer reizarmen Umgebung langsam aufgebaut und trainiert werden. Hier ist es anzuraten, dem Hund die Ruhekommandos nicht nur mithilfe von Hörzeichen beizubringen, sondern zusätzlich Sichtzeichen zu verwenden. Hunde reagieren sehr gut auf körperliche Sichthilfen und können diese oftmals schneller umsetzen als nur gesprochene Signale. Außerdem ist die stille Signalgabe einer entspannten, ruhigen Atmosphäre förderlich.

Beim Trainieren von Ruhekommandos gilt wie für alle anderen Übungen selbstverständlich der zwanglose Aufbau der Kommandos. Der Hund soll lernen, die Ruhepositionen selbstständig einzunehmen und nicht durch Druck oder gewaltsame Körperhilfen in die Position gedrängt werden. Schafft der Hund es nicht, sich beim Anblick der Katze auf das Signal des Besitzers zu setzen oder hinzulegen, ist das Signal einfach noch nicht entsprechend gut aufgebaut und weiteres Training ohne Anwesenheit der Katze notwendig, bevor dies erneut bei der Begegnung mit der Katze eingesetzt werden kann. Das gilt vor allem bei der Zusammenführung von Hundewelpen mit Katzen: Verlangen Sie auf keinen Fall Kommandos von Ihrem Welpen, die er noch nicht ausführen kann!

Im Folgenden werden mögliche Ruheübungen vorgestellt, die für das Zusammenleben von Hund und Katze, aber auch für den Alltag allgemein nützlich sind:

Deckentraining

Vielen Hunden fällt es leichter, auf einem ihnen zugewiesenen Platz ruhig zu warten, wenn dieser Platz mit einem Gegenstand verknüpft wird, der den Platz des Hundes markiert. Am geeignetsten sind hierbei Decken oder Körbe, auf die sich der Hund hinlegen kann. Der Hund soll lernen, auf das Signal seines Besitzers die Decke aufzusuchen, sich dort hin zu setzen oder zu legen und zu bleiben bis er das OK erhält, wieder aufstehen zu dürfen. Der Vorteil einer Decke ist, dass diese auch an beliebige andere Orte mitgenommen werden kann und es so dem Hund erleichtert, zu bleiben, weil er die Decke mit der Ruheübung verbindet.

Übungen zum Aufbau des Deckensignals

Zunächst wird der Hund auf die Decke geführt und dort gelobt und belohnt.

Dieser Vorgang wird mehrfach wiederholt, damit der Hund diesen Platz gerne aufsucht. Danach verbindet man das Hinführen auf die Decke mit dem Signal zum Hinsetzen oder Hinlegen. Wichtig dabei ist, dass das Ruhesignal am Ende immer vom Besitzer aufgelöst wird, damit der Hund weiß, wann er wieder aufstehen darf. Setzt oder legt sich der Hund auf die Decke, beginnt man damit, die Zeit, die er auf der Decke warten muss, auszudehnen. Die Schwierigkeit der Deckenübung kann gesteigert werden, indem man sich vom wartenden Hund entfernt, außer Sicht geht oder ablenkende Tätigkeiten verrichtet. Wartet der Hund folgsam auf seinem Platz, geht der Besitzer immer wieder zu ihm und belohnt ihn in dieser Warteposition.

Impulskontrolle-Übungen:

Gerade für jagdliche motivierte Hunde bzw. jene, die gerne bewegten Dingen nachlaufen, ist es ratsam, Ruhepositionen wie Sitz oder Platz auch unter schwierigeren Ablenkungen zu trainieren, um die Hunde später am Nachlaufen der Katze zu hindern und ihr impulsives Verhalten besser zu kontrollieren. Der Hund soll lernen, die Ruhekommandos Sitz, Platz und Bleib einzuhalten, wenn Objekte, Menschen oder Tiere bewegt werden bzw. sich bewegen, oder aber davon abrufen lassen. Hierzu eignen sich Spielzeuge als ablenkende Objekte, etwa Bälle oder

Plüschtiere. Spezialspielzeug oder Dummys aus Fell stellen eine besonders große Herausforderung dar.

Man lässt den Hund ein Ruhekommando ausführen, während man zu Beginn vorsichtig spannende Dinge in der Hand hält. Schafft der Hund es, dabei ruhig zu bleiben, ohne aufzustehen oder hochzuspringen, wird er gelobt und belohnt. Die Schwierigkeit der Übung wird nach und nach langsam gesteigert, indem man den Gegenstand bewegt, auslegt, fallen lässt oder wirft. Je größer die Geschwindigkeit ist, mit der man die Gegenstände bewegt, desto schwieriger ist es für den Hund. Eine weitere Möglichkeit, den Grad der Übung zu steigern, ist der Einsatz einer Reizangel, mithilfe derer der ablenkende Gegenstand an einer Schnur effektiver und schneller über den Boden gezogen werden kann. Lässt man den Hund zwischendurch immer wieder mit den Gegenständen spielen, steigert man die Schwierigkeit nochmals, da er manchmal damit spielen darf, manchmal aber nicht. Den Rückruf des Hundes kann man unter besonders großer Ablenkung trainieren, wenn man ihn an den bewegten Gegenständen vorbeiruft oder sogar abruft, während er damit beschäftigt ist. Folgt der Hund dem Ruf seines Besitzers, ist es wichtig, dass man mit mindestens gleichwertigen, am besten aber höherwertigen Belohnungen arbeitet. Alternativ

kann auch ein anschließendes nochmaliges Hinschicken zur Ablenkung die entsprechende Belohnung sein.

Beim Impulskontrolletraining sollte man auf ausreichend Pausen zwischen den Übungen achten und diese nicht übertrieben trainieren, da die Impulskontrolle eben nicht unbegrenzt verfügbar ist und der Hund die Übungen nicht beliebig ausführen kann. Merkt man, dass die Zurückhaltung des Hundes nachlässt, hat man schon zu viel trainiert! Wie auch bei anderen Übungen sollte man auch hier das Training dann beenden, wenn es gerade am besten läuft, damit man immer mit einem Erfolg aufhört.

Auch wenn man mithilfe des Spielzeugs selbstverständlich niemals die realen Bedingungen einer direkten Begegnung zwischen Hund und Katze nachstellen kann, muss man sich immer bewusst sein: Schafft ein jagdlich motivierter Hund es nicht, sich beim Werfen eines Balls zurückzunehmen und nicht sofort nachzulaufen, wird er sich bei einer davonlaufenden Katze noch weniger beherrschen können. Die vorgestellten Übungen eignen sich sehr gut dazu, die Kontrollierbarkeit des Hundes unter Ablenkung zu steigern.

Abbruchsignal

Für gewisse Situationen kann es sehr hilfreich sein, wenn der Hund ein Signal kennt, welches ihn von unerwünschtem Verhalten abhält bzw. er eben dieses Verhalten abbricht. Im Alltag findet nur sehr selten ein klarer Aufbau eines Abbruchsignals statt. Es wird dem Hund oftmals nur gesagt, was er zu unterlassen hat, nicht aber, was er stattdessen tun soll! Deshalb ist es einerseits notwendig, das Abbruchsignal wie jedes andere Signal richtig aufzubauen und zu üben, und andererseits ist es äußerst wichtig, dem Hund nach Abbruch auch klar zu zeigen, welches alternative Verhalten man von ihm in den entsprechenden Situationen haben möchte und dieses zu bestätigen. Ein bloßes gesprochenes „Nein" in dem Moment, in dem der Hund etwas anstellt, reicht nicht aus, dass der Hund weiß, was falsch war und er das Verhalten auch in Zukunft unterlassen soll. Viele verbinden ein Abbruchsignal auch noch mit negativen Emotionen wie Schimpfen oder Strafen, was aber nur zu Unsicherheit und Stress führt. Für den Aufbau des Abbruchsignals gibt es verschiedene Übungen, die man mit dem Hund regelmäßig trainieren sollte, damit das Signal generalisiert wird und in unterschiedlichsten Situationen eingesetzt werden kann. Im Folgenden wird ein möglicher Weg zum Aufbau eines Abbruchsignals vorgestellt.

Abbruchsignal – Aufbau:

Der Aufbau des Abbruchsignals ist dem des Aufmerksamkeitssignals in den ersten Schritten sehr ähnlich. Zunächst wählt man ein Wort oder Geräusch, welches man als Abbruchsignal verwendet, z. B. „Hey" oder „Lass es". Damit das Wort für den Hund eine Bedeutung erhält, gibt man das Signal und dem Hund eine besonders gute Belohnung. Dieser Vorgang wird mehrfach wiederholt. Danach verwendet man das Signal bei Ablenkung. Ist der Hund gerade mit etwas anderem beschäftigt, gibt man das Signal. Reagiert der Hund darauf, wird er gelobt und anschließend belohnt. Die Ablenkung wird dabei immer weiter gesteigert, damit der Hund auch in schwierigen Situationen darauf reagiert. Orientiert sich der Hund nach Gabe des Signals zum Besitzer, ist der letzte Schritt das Zeigen von gewünschtem Alternativverhalten. Man gibt das Signal und fordert den Hund danach auf, etwas anderes zu machen, zum Beispiel herzukommen oder sich hinzulegen. Für dieses Alternativverhalten wird der Hund dann gelobt und belohnt. Wichtig ist, dass die Belohnung nicht nur für die bloße Reaktion auf das Signal erfolgt, sondern erst für das danach erfolgte erwünschte Verhalten, damit der Hund nicht damit beginnt, seinen Besitzer auszutricksen und etwas anstellt, weil er weiß, dass er anschließend dafür belohnt wird. Hierbei zeigt sich auch, dass es immer besser ist, den Hund bereits zu loben und zu belohnen, solange er noch das richtige Verhalten zeigt, und nicht darauf zu warten bis er Fehler macht und sein Verhalten abgebrochen werden muss.

Hundefreie Zonen

Eine sehr sinnvolle Maßnahme zur Sicherheit der beiden Tiere und zur Konfliktvermeidung ist das Einrichten hundefreier Zonen im Haushalt. Gewisse Bereiche sollten für den Hund tabu sein, um so Rückzugsmöglichkeiten für die Katze zu schaffen, an denen sie sich entspannen kann, ohne ständig in Warnbereitschaft zu sein, ob sie der Hund plötzlich überraschen könnte. Vor allem in der ersten Zeit sind diese gegenseitigen Freiräume notwendig, um den Tieren Raum für Erholung von den aufregenden Zusammenführungsübungen zu geben. Außerdem treten häufig Schwierigkeiten bei den Futterplätzen auf, da Hunde

Katzenfutter lieben und dieses den Katzen nur zu gerne wegfressen. Die Fütterung der Katze ist noch schwieriger, da diese ihr Futter zumeist nicht auf einmal fressen, sondern Futter im Napf zurücklassen und diesen auf den Tag verteilt mehrfach aufsuchen. Stört der Hund die Katze dabei, kann dabei passieren, dass die Katze dadurch verärgert oder verschreckt werden kann und ihren Futterplatz zukünftig nicht mehr aufsucht. Außerdem ist Katzenfutter auch nicht gesund für Hunde, da es aufgrund anderer Zusammensetzung auf Dauer zu Übergewicht bei den Hunden führen kann. Da die Tiere beim Einnehmen ihrer Mahlzeiten ihre Ruhe haben sollten, empfiehlt es sich also, getrennte Futterplätze einzurichten und vor allem das Katzenfutter unzugänglich für den Hund aufzustellen. Ein weiterer Grund für die Sinnhaftigkeit hundefreier Zonen im Haushalt betrifft die Katzentoilette. Viele Hunde fressen den Kot oder sogar die Urin getränkte Katzenstreu, weshalb die Katzentoilette ebenfalls nicht erreichbar für den Hund aufgestellt werden sollte (mehr dazu im Kapitel über die gesundheitlichen Aspekte der gemeinsamen Haltung).

Hunde lieben Katzenfutter: Da es aber auf Dauer ungesund für die Tiere ist und dick macht, sollten das Futter unerreichbar für den Hund aufgestellt werden.

Erziehung und Regeln für die Katze

Katzen gelten allgemein als kaum bis gar nicht trainierbar. Das liegt allerdings nicht daran, dass sie nicht intelligent genug dafür wären, sondern an ihrer größeren Selbstständigkeit. Katzen lernen allerdings sehr schnell durch Beobachtung und Nachahmung. Wenn es für sie einen Vorteil ergibt, versuchen sie das entsprechende Verhalten, das zum Erfolg führt, zu kopieren. Deshalb sind Katzen wahre Künstler darin, Türen und Schubläden zu öffnen, ohne dass der Mensch ihnen dieses Verhalten gezielt gezeigt oder gelehrt hätte.

Aber Katzen können auch erzogen werden. Ausnahmen zeigen immer wieder, dass eine Katze lernen kann, auf Signale des Menschen zu achten und Kommandos zu befolgen. Auch wenn die Trainerbarkeit von Katzen an ihre Grenzen stößt und bei Weitem nicht mit jener von Hunden vergleichbar ist, ist es trotzdem möglich und oft auch notwendig, Katzen gewisse Dinge anzutrainieren, um das Zusammenleben mit ihnen und Hunden zu erleichtern. Das Problem dabei ist in den meisten Fällen lediglich der Mensch, der nicht bereit ist, die nötige Zeit und Geduld aufzubringen, die beim Training von Katzen nötig ist.

Im Folgenden werden Maßnahmen vorgestellt, die im Training mit Katzen im Alltag umgesetzt werden können, um das Zusammenleben von Hund und Katze zu erleichtern:

Katzenfreie Zonen einrichten

Um auch dem Hund Rückzugsmöglichkeiten zu bieten, empfiehlt es sich, besondere Plätze bzw. Räume als katzenfreie Zonen festzulegen. Ein Hund, der noch nicht ausreichend an eine Katze gewöhnt ist, kann besser entspannen, wenn er nicht andauernd damit rechnen muss, von der Katze überrascht zu werden. Außerdem lassen sich so ungewollte Aufeinandertreffen der beiden Tiere vermeiden. Da Katzen, wie bereits erwähnt, oftmals sehr erfinderisch sind und sich unbemerkt in Räume schleichen können, ist es manchmal notwendig, Türen geschlossen zu halten und gegebenenfalls sogar zuzusperren, um unerwünschte Aufeinandertreffen sicher zu verhindern.

Alternativverhalten fördern

Es ist schwierig, eine Katze von ihren geplanten Verhaltensweisen abzuhalten. Viele Katzen lernen zwar, bestimmte Regeln einzuhalten, zum Beispiel nicht auf den Esstisch oder auf das Bett zu springen, oftmals ist das Lernen dieser Verbote aber mit Schreckreizen verbunden: Katzenhalter stoßen ihre Katzen vom Tisch bzw. Bett, machen dabei laute Geräusche und verscheuchen somit die Katze.

Bei Katzen ist es aber genauso möglich, über andere Methoden als Abschreckung und Strafe zu arbeiten. In vielen Situationen kann man Katzen beibringen, ein gewünschtes Alternativverhalten zu zeigen. Die Katze lediglich durch Verscheuchen von etwas abzuhalten schwächt nur das Vertrauen zum Menschen und verstärkt Unsicherheit. Bei Katzen gelten dieselben Lerngesetze wie bei Hunden. Um Katzen von unerwünschtem Verhalten abzuhalten, ist es notwendig, diese nicht einfach für jenes Verhalten zu bestrafen, sondern das vom Menschen gewünschte Verhalten zu fördern und ihnen für sie verständlich und klar mitzuteilen, was man stattdessen von ihnen möchte. Dies erreicht man, indem das gewünschte Alternativverhalten gezeigt und belohnt wird. Lohnt sich ein Verhalten für die Katze, wird sie dieses in Zukunft vermehrt zeigen.

Tricks und Kommandos auch bei Katzen trainierbar

Katzen können Signale und Tricks lernen, die dabei helfen, die Tiere im Alltag besser zu lenken. Nützlich ist dabei etwa der Aufbau eines Stoppkommandos, bei dem die Katze lernt, bei Signalgabe durch den Menschen stehenzubleiben. Außerdem bietet das Targettraining tolle Möglichkeiten, um die Katze auf verschiedene Plätze zu führen.

Ein Beispiel aus dem Alltag: Katze am Esstisch

Um zu zeigen, mit welchen Trainingsmaßnahmen man bei der Erziehung der Katze vorgehen kann, um ein Problem im Zusammenleben von Hund und Katze zu lösen, wird im folgenden ein Beispiel aus dem Alltag angeführt.

In unserem Haushalt lebte der sehr pflichtbewusste Hovawartrüde Sander, der seit dem Erwachsenenalter dazu neigte, andere Tiere (Hunde und Katzen) für unerwünschtes Verhalten zu maßregeln. Er hatte gelernt, während des Essens der Menschen nicht auf den Tisch zu springen oder zu betteln. Er selbst hielt sich sehr genau an diese Regel, weshalb er unsere anderen tierischen Mitbewohner in diesen Situationen genau beobachtete und gegebenenfalls einschritt, wenn sich diese nicht an dieselben Regeln hielten. Da seine Maßregelungen sehr heftig ausfielen, war es notwendig, die anderen Tiere davor zu schützen. Unsere Katzen genießen allerdings sehr viel Freiheit und dürfen sich im Haus völlig frei bewegen, weshalb wir eine Lösung finden mussten, damit die Katzen ihn zukünftig nicht mehr durch das Springen auf den Tisch ständig provozieren konnten. Deshalb haben wir auf dem Tisch eine Kartonkiste aufgestellt, in welcher die Katzen bequem Platz haben.

Immer, wenn jemand etwas auf dem Tisch isst und die Katzen sich annähern, werden sie in diese Kiste geführt. Bleiben die Katzen in der Kiste, werden sie gelobt und zwischendurch auch immer wieder in der Kiste belohnt. Steht die Katze auf und verlässt die Kiste, um zum Essen zu gehen, wird sie sofort wieder zurück in die Kiste geschickt. Steht die Katze zwischendurch auf, erhält sie erst nach einiger Zeit wieder eine Belohnung in der Kiste, um nicht eine unerwünschte Verhaltenskette zu entwickeln. Für unseren Hund Sander war somit die Situation am Esstisch entschärft, weil sich die Katzen beim Essen zukünftig ruhig in der Kiste aufhielten und kein Essen mehr vom Teller stahlen.

Mithilfe des Zeigefingers als Target wird die Katze in die Kiste geführt.

Um die Bereitschaft der Katze, in die Kiste zu gehen, zusätzlich zu steigern, findet sie leckere Belohnungen darin, die sie sofort fressen darf.

Das Ziel ist erreicht: Die Katze hat ihren Platz in der Kiste eingenommen.

Der Hund blickt kontrollierend nach oben, ob die Katze ihren Platz beibehält.

Der Hund liegt entspannt unter dem Tisch, während die Katze ihren Platz in der Kiste auf dem Tisch behalten darf.

Die Vergesellschaftung – Direkte Begegnungen

Sind die Tiere entsprechend aufeinander vorbereitet, kommt die Zeit, in der das direkte Kennenlernen der Tiere stattfindet. Ziel der ersten Begegnung sollte ein konfliktfreies Aufeinandertreffen von Hund und Katze sein. Wie auch beim Menschen spielt der erste Eindruck eine große Rolle. Im besten Fall läuft die erste Begegnung völlig reibungslos ab und die Tiere haben einen guten Start miteinander. Manchmal klappt es aber leider nicht wie gewünscht, wobei man dabei nicht verzweifeln und gleich aufgeben darf.

Viele Hunde reagieren leider negativ auf Katzen, wollen diese jagen oder gar angreifen. In diesen Fällen ist die Vergesellschaftung oft sehr langwierig und schwierig, weshalb die Tierbesitzer ein großes Maß an Disziplin und Geduld mitbringen müssen. Es muss über einen längeren Zeitraum garantiert werden, dass die Tiere nicht unkontrolliert aneinander geraten, um Streitereien zu verhindern. Geraten die Tiere dennoch aneinander, muss schnellstens für Schadensbegrenzung gesorgt werden, die aufgetretenen Probleme überdacht und das zukünftige weitere Vorgehen der Zusammenführung genau geplant werden.

Aber auch wenn die ersten Begegnungen scheinbar problemlos ablaufen, sollte man dennoch in den ersten Wochen Vorsichtsmaßnahmen ergreifen und die Tiere nie unbeaufsichtigt zusammenlassen, da immer die Gefahr besteht, dass die Tiere doch in bestimmten Situationen miteinander überfordert sind oder gewisse Reize Konfliktverhalten auslösen. So kommt es immer wieder vor, dass die Tiere tagsüber gut miteinander auskommen, sich in der Nacht aber zu streiten oder jagen beginnen. Katzen sind oft auch in der Nacht aktiv und können so Hunde im Schlaf schnell erschrecken oder stören.

Im Folgenden werden mögliche Vorgehensweisen und wichtige Punkte erläutert, die bei den ersten direkten Treffen der Tiere bedacht werden sollten.

Die Begegnungszone

Bei der Vergesellschaftung der Tiere soll-te man sich genau überlegen, wo man die Tiere zusammenführt. Kleine Maßnah-men in der Gestaltung des Raumes kön-nen dabei helfen, die Situation für beide Tiere stressfreier zu halten.

Erhöhte Plätze und Fluchtmöglichkeiten

Für die Katze ist es am besten, ausrei-chend erhöhte Plätze und Fluchtmög-lichkeiten zur Verfügung zu haben, die der Hund nicht so leicht erreichen kann. Viele Katzen genießen es, ihre Umgebung von oben beobachten zu können und füh-len sich dadurch sicherer. Kratzbäume oder an den Wänden angebrachte Bretter eignen sich hierfür sehr gut. Möchte die Katze dennoch hinunter flüchten, sollten ausreichend Stufen nach unten vorhan-den sein, damit sie aus Stress nicht von zu weit oben herunterspringt und sich dabei verletzt. Generell sollten die Tiere immer die Möglichkeit haben, den Raum zu verlassen, falls sie sich mit der Situati-on überfordert fühlen sollten. Sorgen Sie also dafür, Fluchtwege oder -türen offen zu halten.

Trenngitter

Weiteren Schutz bei der Zusam-menführung der Tiere bieten Gitter und Trennwände. Die Tiere können sich durch die Gitter zwar sehen und riechen, ein eventuelles Nachlaufen oder Raufere-en werden aber verhindert. Auch vor dem Gitter haben die Tiere die Möglichkeit, sich stressfreier beobachten zu können, ohne mit einer direkten Konfrontation rechnen zu müssen. Leben größere Hun-den im Haushalt, gibt es sogar Gitter mit integrierten Katzentüren, damit sich die Katzen frei bewegen, die Hunde allerdings nicht überall hin folgen können. Vorsicht ist allerdings bei kleinen Hunden geboten: Diese passen oftmals durch die Gittertüre durch und können somit der Katze nachlaufen. Wichtig beim Aufstellen von Gittern ist selbstverständlich, dass diese ausreichend fest angebracht sind, damit die Tiere die Gitter nicht umstoßen können.

Ressourcensicherung

Große Vorsicht bei der Gestaltung der Begegnungszone ist bei ressourcensichernden Tieren geboten! Gegenstände, welche bei den Tieren eine Ressourcensicherung auslösen, sollten möglichst aus der Begegnungszone entfernt werden, um keine Konflikte zu provozieren. Verteidigt der Hund beispielsweise Futter oder Spielzeug, sollte diese nicht im Raum herumliegen. Aber auch andere Dinge wie Wassernäpfe, Körbchen, Decken oder bevorzugte Liegeplätze können gegen das andere Tier verteidigt werden. Gerade in Stresssituationen kann sich ressourcensicherndes Verhalten verstärken. Ist das Territorialverhalten bei den Tieren sehr ausgeprägt, sollte ein für die Tiere neutraler Raum ausgewählt werden, um ein Verteidigen des eigenen Bereichs zu verhindern.

Zusammenführung im Garten

Von einer Zusammenführung der Tiere im Garten oder generell im Freien ist dringend abzuraten, da hier die Räume und somit die Fluchtmöglichkeiten der Katze zu groß sind. Eine Katze, die weit über eine Wiese oder Ähnliches weglaufen kann, löst bei fast allen Hunden Jagdverhalten aus. Selbst Hunde, die an Katzen gewöhnt sind, akzeptieren diese zwar innerhalb der eigenen vier Wände, jagen sie aber gerne durch den Garten, da sie oft im ersten Moment die eigene Katze gar nicht erkennen, sondern nur den Auslösereiz Katze bzw. bewegtes Objekt wahrnehmen. Bei Freigängerkatzen besteht außerdem die Gefahr, dass sie durch derartige Erlebnisse so verschreckt sind, dass sie das Zuhause nicht mehr aufsuchen wollen und fernbleiben. Übt man Begegnungen im Garten, sollten sich die Tiere bereits kennen und der Hund unbedingt angeleint werden, um das Nachlaufen in jedem Fall verhindern zu können. Leben die Katzen als Freigänger, sollte man vor jedem Gang des Hundes in den Garten diesen vorher kurz erkunden und prüfen, ob die Katze in der Nähe ist, damit der Hund nicht unkontrolliert auf sie zu stürmen kann.

Bei den ersten Begegnungen von Hund und Katze im Garten sollte der Hund angeleint sein, damit er der Katze nicht nachjagen kann.

Keine Verwendung von Transportboxen

Vor einer Vergesellschaftung von Hund und Katze, während diese in einer Transportbox weggesperrt wird, ist dringend abzuraten! Die Tiere werden in der Box einer extremen Stresssituation ohne Fluchtmöglichkeit ausgesetzt. Für viele Katzen ist die Transportbox häufig auch noch negativ besetzt, da sie oftmals nur für die Fahrt zum Tierarzt darin bleiben müssen. Hält sich eine Katze nicht gerne

darin auf, ist das ein zusätzlicher Faktor, der die Erfahrung mit dem Hund noch mehr verschlimmert. Selbst wenn sich die Katze sehr gerne in der Box aufhält, sollte man sie trotzdem nicht darin einsperren, wenn der Hund sich ihr annähert. Selbstverständlich kann der Hund zur leeren Box geführt werden, um daran zu schnüffeln und den Geruch der Katze kennenzulernen, sowie damit zu üben, die Transportbox in Ruhe zu lassen, sollte für den späteren Fall einmal eine Katze darin sein, wenn man zum Tierarzt muss oder auf Reisen geht.

Dieser Hund begutachtet die leere Transportbox der Katze, um sich mit ihrem Geruch vertraut zu machen. Damit sich die Tiere nicht in die Enge getrieben fühlen, sollten sie zum Zweck der Vergesellschaftung aber nie in eine Box gesperrt werden!

Anzahl der Personen bei der Zusammenführung

Es ist selbstverständlich, dass bei einer Zusammenführung von Hund und Katze in einem Haushalt alle interessierten Familienmitglieder den Vorgang beobachten und daran teilhaben wollen. Dennoch sollte man darauf achten, dass sich nicht zu viele Personen im Raum aufhalten, um die ohnehin aufregende Situation nicht noch zu steigern.

Es gilt: Für Besuch ist auch nach der Eingewöhnung noch genügend Zeit. Für viele Tiere bedeuten Gäste Stress, und hier spielt es keine Rolle, ob dieser positiv oder negativ für die Tiere ist. Kommt ein neues Familienmitglied an, braucht es Zeit, sich an die neue Umgebung zu gewöhnen, und noch schwieriger ist die Anpassung an einen anderen tierischen Mitbewohner.

Click für Blick-Training

Eine Methode, um den Hund langsam an die Katze heranzuführen, ist das Click-für-Blick-Training. Dabei wird dem Hund die Katze in einer für beide Tiere gut annehmbaren Entfernung präsentiert. Sieht der Hund auf die Katze, erfolgt ein Click oder alternatives Markersignal und anschließend eine Belohnung. Wichtig ist, dass der Hund sich dabei noch ruhig verhält, um die Katze nicht zu verschrecken und entspannt genug sein kann, um die Futterbelohnung noch annehmen zu können. Für Tiere, die nicht mehr fressen, ist

das Stresslevel zu hoch und somit ist auch kein Lernen möglich.

Zu Beginn reicht es völlig aus, das Click-für-Blick-Training nur wenige Sekunden lang durchzuführen. Es ist besser, die Trainingseinheiten kurz zu halten, dafür aber erfolgreich, das heißt der Hund sollte während des Trainings nicht in das unerwünschte Verhalten gegenüber der Katze kippen. Außerdem sollten die Tiere ausreichende Pausen haben, um Anspannungen abzubauen. Ein Wegführen des

Hundes aus dem Begegnungsbereich, sowie ruhige Suchspiele in den Pausen tragen ebenfalls zur Entspannung bei.

Zeigt sich der Hund zunehmend entspannt in der Trainingssituation, kann diese verändert und somit die Schwierigkeit gesteigert werden, etwa durch weniger Abstand zur Katze, ein Verlängern der Dauer der Trainingseinheit oder das Hinauszögern der Belohnung. Weitere Steigerungsmöglichkeiten sind etwa, dass die Katze auf dem Arm getragen wird (sofern sie das zulässt), die Katze sich bewegt und umher geht, oder sie wird vom Menschen gestreichelt oder sie spielt.

Für eine erfolgreiche Gegenkonditionierung ist es notwendig, ein Aufeinandertreffen der Tiere außerhalb des Trainings zu vermeiden. Jede nicht kontrollierte Begegnung der Tiere kann zu Konflikten führen und die bisher gemachten Trainingsfortschritte zunichtemachen.

Sollen mehrere Tiere miteinander vergesellschaftet werden, ist es wichtig, mit allen Tieren zunächst einzeln zu trainieren. Der Hund muss an jede Katze herangeführt werden, das Trainieren mit lediglich einer im Haushalt lebenden Katze reicht bei einem Mehrkatzenhaushalt nicht aus. Auch das Betrachten zwei oder mehrerer Katzen gleichzeitig muss langsam geübt werden, da dies den Hund ebenso noch mehr herausfordern kann, sieht er zwei Katzen, die miteinander in Kontakt treten oder gar spielen. Außerdem darf man eine mögliche Gruppendynamik der Tiere nicht unterschätzen. Viele verhalten sich anders, wenn noch weitere Tiere anwesend sind. Stimmungen können gegenseitig aufeinander übertragen werden und die Emotionen der Tiere können sich dadurch schneller hochschaukeln.

Die Dauer und Häufigkeit der Trainingseinheiten muss an die jeweiligen Hunde und Katzen angepasst werden. Je heftiger und nervöser die Hunde auf die Anwesenheit einer Katze reagieren, desto kürzer sollten die Trainingsintervalle sein und auch die Abstände zwischen den Clicks bzw. Markersignalen und Belohnungen sollten schnell hintereinander, wenn notwendig auch im Sekundentakt erfolgen. Je nach Trainingserfolg kann so der Abstand zwischen den Belohnungen langsam gesteigert werden, etwa durch die Gabe von Belohnungen alle 2-3 Sekunden und mehr. Aber auch das Wohlbefinden der Katze muss beim Click-für-Blick-Training beachtet werden. Auch wenn die Katze bei diesem Training eine nur scheinbar passive Rolle einnimmt, muss die Situation auch für die Katze annehmbar sein. Auch diese kann durch die Anwesenheit des Hundes gestresst sein und sollte ausreichend Pausen erhalten.

Das Click-für-Blick-Training eignet sich nicht nur dazu, um negative Assoziationen der Hunde umzukehren, sondern auch dafür, die Kontrollierbarkeit von ungestümen Hunden zu steigern. Möchte der Hund unbedingt zur Katze hin, ist dabei aber zu aufgeregt und aufdringlich, kann mithilfe des Click-für-Blick-Trainings seine Geduld und Vorsicht im Umgang mit der Katze verbessert, sowie die Orientierung an der Bezugsperson beim Aufeinandertreffen mit einer Katze gefördert werden.

Das Click-für-Blick-Training kann selbstverständlich ebenso mit Katzen durchgeführt werden. Auch hier gelten dieselben Empfehlungen wie bei den Hunden. Es wird immer dann geklickt bzw. das Markersignal und die anschließende Belohnung gegeben, wenn die Katze zum Hund hinsieht. Kennen beide Tiere den Clicker, ist das von großem Vorteil für das gemeinsame Training. Die Tiere sind in einer positiven Erwartungshaltung, was die Trainingssituation bereits für beide angenehmer werden lässt. Nach dem Click können auch beide Tiere belohnt werden. Hier ist allerdings Vorsicht geboten bei ressourcensichernden Tieren, da die Gefahr besteht, dass Hund oder Katze es gar nicht gerne sehen, wenn das Gegenüber ebenfalls eine Belohnung erhält.

Auch Hund und Katze können gemeinsam trainiert werden. Vorsicht bei Futterneid: Sichern die Tiere Ressourcen, sollten Belohnungen mit größerem Abstand zwischen den Tieren gegeben werden.

Eine Prognose, wie lange das Click-für-Blick-Training durchgeführt werden sollte, um zu weiteren Schritten der Vergesellschaftung übergehen zu können, lässt sich nicht pauschal geben. Je nach Individuum kann dies wenige Tage, aber auch Wochen oder Monate in Anspruch nehmen. Allein das Verhalten der Tiere kann zeigen, ob die Tiere schon für weitere Schritte bereits sind. So kann die Ansprechbarkeit der Tiere während des Trainings überprüft werden, aber auch eine genaue Beobachtung der Körpersprache kann Auskunft darüber geben, welche Haltung die Tiere gegenüber dem jeweils anderen einnehmen. So sind neutrale, entspannte Körperhaltungen sowie beschwichtigende Gesten ein gutes Zeichen dafür, dass die Begegnungen zunehmend positiver für die Tiere verlaufen. Bleiben die Tiere beim Anblick des jeweils anderen erstarrt, fixieren sie oder reagieren gar mit Abwehrverhalten, muss das Click-für-Blick-Training noch weiter intensiviert werden. Wenden sich die Tiere bereits voneinander ab, blinzeln oder zeigen gar entspanntes Verhalten und Wohlbefinden, kann langsam damit begonnen werden, noch näheren Kontakt zwischen den Tieren herzustellen.

Schritt 1 des Click-für-Blick Trainings: Der Hund sieht gespannt zur Katze hin.

Schritt 2 des Click-für-Blick Trainings: Der Hund reagiert auf den Click und wendet sich zu seinem Menschen.

Schritt 3 des Click-für-Blick Trainings: Der Hund erhält nach dem Click seine Belohnung.

Nach wenigen Trainingseinheiten zeigt der Hund bereits mehr Entspannung beim Anblick der Katze und kann sich bereits selbst unaufgefordert von der Katze abwenden.

Gegenseitige Beobachtung der Tiere

Eine gute Möglichkeit, um ein gegenseitiges Kennenlernen der Tiere und ihre Vertrautheit miteinander zu fördern, ist die Schaffung von sicheren Aussichtsplätzen für die Tiere, von denen aus sie den jeweils anderen beobachten können. Die bereits im Kapitel „Begegnungszone" angeführten Varianten wie erhöhte Plätze oder Trenngitter sind alle sehr gut dafür geeignet.

Befindet sich die Katze auf einem gesicherten Platz, kann man in ihrer Sichtweite mit dem Hund kleine Übungen und Tricks durchführen. Hier ergeben sich gleich mehrere Vorteile des Trainings: Einerseits kann die Katze so durch Beobachtung des Hundes seine Verhaltensmuster, seine Bewegungen und Lautsprache kennenlernen, andererseits stellt der Hund eine positive Verknüpfung mit der Katze her, da er in ihrer Anwesenheit etwas Lustiges mit seinem Besitzer spielen und trainieren darf. Umgekehrt gilt dies natürlich genauso. Der Hund darf dabei zusehen, wie die Katze sich bewegt oder spielt. Für viele Hunde ist es leichter, wenn eine Bezugsperson dabei ist und nicht er alleine der Katze beim Spiel mit dem Menschen zusehen muss.

Um das positive Gefühl der Tiere zu steigern, können für die gegenseitigen Beobachtungstreffen spezielle Spielzeuge ausgewählt werden, die die Tiere ganz besonders toll und spannend finden. Diese erhalten sie zukünftig nur in Anwesenheit des jeweils anderen, um einerseits den Wert des Spielzeugs, aber auch die positive Einstellung zum anderen Tier zu steigern.

Gemeinsame Fütterung

Lassen sich die Tiere weniger über Spielzeuge motivieren, kann auch Futter als Motivations- und Belohnungsmittel verwendet werden, um die positive Haltung gegenüber dem anderen Tier zu fördern.

Vorsicht bei Futterneid: Auch Katzen können die Ressource Futter sichern! Der graue Kater blickt bereits sehr misstrauisch auf den erwartungsvollen Hund herab. Von einer gemeinsamen Fütterung sollte hier abgesehen werden.

Die Tiere erhalten immer dann besonders gute Belohnungen, wenn das jeweils andere anwesend ist. Hat man eine Hilfsperson oder lassen es die beiden Tiere zu, kann man sie auch gemeinsam bzw. hintereinander belohnen. Die Tiere lernen so sehr schnell, dass die Anwesenheit des anderen Tieres etwas Gutes bedeutet und freuen sich über den anderen. Es besteht auch die Möglichkeit, die vollen Mahlzeiten der Tiere nebeneinander zu geben. Neigen die Tiere allerdings zu Ressourcensicherung und verteidigen ihr Futter und Belohnungen, ist diese Vorgehensweise nicht zu empfehlen.

Direkter Kontakt der Tiere

Zeigen die Tiere auf Entfernung entspanntes Verhalten und suchen sie scheinbar bereits einen freundlichen oder zumindest neutralen Kontakt miteinander, kann man erste vorsichtige Treffen zulassen. Der Hund sollte dabei aber dennoch mit einer Leine gesichert sein, eventuell sogar mit Maulkorb. Die Leinenpflicht gilt auch für Welpen, da diese manchmal sehr stürmisch reagieren, und auch beim Welpen ein Nachlaufen und Jagen der Katze verhindert werden sollte. Trenngitter bieten die Möglichkeit, ein erstes gegenseitiges Beschnuppern zulassen zu können, ohne die Tiere gegenseitig zu großer Gefahr auszusetzen. Verhalten sich die Tiere am Gitter freundlich, stehen die Chancen sehr gut, dass sie sich auch ohne Gitter verstehen.

Je nach Charakter der Tiere sollte entschieden werden, in welcher Reihenfolge die Tiere aufeinandertreffen. Ein eher territorialbewusster Hund sollte in einen Raum geführt werden, in dem sich die Katze bereits befindet, damit er ihr durch sein Dazustoßen Raum nimmt und nicht umgekehrt. Manchmal fällt es den Tieren leichter, wenn man sie trägt oder auf den Schoß nimmt. Ein genaues Vorgehen, wie die Aufeinandertreffen stattzufinden haben, kann nicht beschrieben werden, da man sehr individuell und oftmals auch nach Gefühl und Einschätzung der Tiere verfahren muss. Ein erfahrener Tiertrainer kann hier viele Hilfestellungen und Tipps geben und die ersten Aufeinandertreffen begleiten.

Sind die Tiere miteinander entspannt, kann man sie unter Beobachtung zusammen lassen. Sollte man keine Zeit mehr haben, anwesend zu sein und die Tiere genau zu kontrollieren, ist es am besten, die Tiere vorerst wieder zu trennen. Wenn nach einigen Wochen keine Komplikationen und Streitereien auftreten, kann man damit beginnen, die Tiere tagsüber gemeinsam zu halten. In der Nacht empfiehlt es sich, mehrere Wochen oder Monate zu warten, bis man die Tiere unkontrolliert zusammen lässt, um zu verhindern, dass Konflikte ohne Beisein des Besitzers entstehen.

Es kann natürlich vorkommen, dass die Tiere unerwünschtes Verhalten bei der Begegnung zeigen. Der Hund kann die Katze jagen, die Katze kann dem Hund gegenüber Abwehrverhalten zeigen und mit ihren Krallen zuschlagen. In solchen Fällen muss der Tierbesitzer selbstverständlich im richtigen Moment eingreifen und gegebenenfalls die Begegnung unterbrechen. Ruhiges Splitten ist hier die beste Vorgehensweise, um die Tiere voneinander zu trennen. Nach einem negativen Erlebnis ist es gut, wenn die Tiere eine Pause voneinander erhalten, um sich vom Schreck erholen zu können, bevor man dann wieder in kleineren Schritten die Vergesellschaftung weiterführt. Diese Zeit dient dem Tierbesitzer ebenso dazu, zu analysieren, warum es zu Konflikten

gekommen ist und wie man diese zukünftig verhindern und die Begegnung für die Tiere stressfreier gestalten kann. Wichtig ist, dass man im Falle eines möglichen Konflikts immer die Ruhe bewahrt und möglichst wortlos eingreift. Jede emotionale Reaktion des Besitzers kann dazu beitragen, die Situation nochmals zuzuspitzen, da sich die Stimmung des Besitzers auf die Tiere überträgt. Am besten werden erste direkte Aufeinandertreffen dann durchgeführt, wenn auch der Besitzer entspannt und bei guter Laune ist, um die Voraussetzungen für eine positive Begegnung auch von dieser Seite her zu optimieren.

Wenn Schwierigkeiten bei der Vergesellschaftung auftreten, vor allem, wenn gerade die ersten Aufeinandertreffen missglücken, ist dies noch nicht der richtige Zeitpunkt, um aufzugeben und die Vergesellschaftung als gescheitert anzusehen. Jedes einzelne Tier, Hund und Katze, ist verschieden und bringt unterschiedliche Erfahrungen sowie Verarbeitungsfähigkeiten mit, um mit derartigen Situationen umzugehen. Manche Tiere brauchen einfach mehr Zeit als andere, um sich aneinander zu gewöhnen. Hier lässt sich wie bereits erwähnt kein Zeitrahmen festlegen, der als verlässlich gilt, um eine Vergesellschaftung als erfolgreich oder gescheitert anzusehen. Am besten man führt genaue Aufzeichnungen, eine Art Tagebuch über die Aufeinandertreffen der Tiere und notiert die genauen Beobachtungen des Verhaltens, um gegebenenfalls einen Tiertrainer zur Einschätzung der Situation heranzuziehen.

Dieser kann mithilfe der Aufzeichnungen die Lage besser einschätzen, da er beim Besuch nur eine Momentaufnahme der Tiere sehen kann.

Vergesellschaftung mehrerer Tiere

Die Zusammenführung von mehr als zwei Tieren bringt einiges an Mehrarbeit für die Tierbesitzer mit sich. Um keines der Tiere zu überfordern, ist es ratsam, mit den Tieren zu Beginn immer nur paarweise zu arbeiten. Katzen können beim Anblick zwei oder mehrerer Hunde verschreckt sein. Hunde sind dabei oftmals überfordert, weil sie nicht wissen, auf wen sie ihre Aufmerksamkeit zuerst richten sollen. Je mehr Stress und Anforderungen man die Tiere aussetzt, desto größer ist die Gefahr, dass sie aufgrund der Überforderung unerwünschtes Verhalten zeigen.

Außerdem besteht die Gefahr, dass sich die negative Stimmung eines Tieres auf das andere überträgt. Viele Tiere verhalten sich anders, wenn ein weiterer Sozialpartner dabei ist, als wenn sie die Begegnung alleine durchleben. Selbstverständlich kann es auch von Vorteil sein, wenn ein weiteres Tier anwesend ist, um

dem anderen mehr Sicherheit zu geben und das gewünschte Verhalten vorzuzeigen. Hierfür sollten allerdings nur sehr ruhige und im Umgang mit der anderen Tierart äußerst souveräne Tiere herangezogen werden.

Funktionieren die Begegnungen paarweise, kann man nach und nach die weiteren Tiere bei den Übungen zusammenführen. Eventuell kann man sich Unterstützung von außen holen, um bei möglichen Konflikten nicht alleine eingreifen zu müssen.

Manchmal ergeben sich Schwierigkeiten, weil gewisse Tiere nicht miteinander auskommen. Hier sollte man die Tiere vorerst noch getrennt halten, damit sie nicht damit beginnen, sich gegenseitig auszuschließen oder möglicherweise andere Tiere sogar mit dem ablehnenden Verhalten anzustecken. Mit jenen Tieren ist das Training noch intensiver durchzuführen, damit auch sie sich in Anwesenheit der anderen Tiere wohlfühlen. Erst wenn man sichergehen kann, dass die Tiere auch in der gemeinsamen Gruppe gut miteinander auskommen, sollte man alle vorhandenen Hunde und Katzen im Haushalt zusammenlassen.

In manchen Fällen klappt das Zusammenleben leider gar nicht für gewisse Tiere. Es gibt jene, die sich in einer größeren Gruppe einfach nicht wohl fühlen oder sogar gesundheitliche Probleme entwickeln, weil sie dem Stress, den der Hund-Katze-Haushalt verursacht, nicht gewachsen sind. Hier muss man zum Wohle des Tieres entscheiden und gegebenenfalls eine gemeinsame Haltung überdenken.

Fallbeispiel Duke, Leah, Cappuccino und Giacomo

Nach dem Tod unserer ersten Katze Gina entschieden wir, uns zu unseren zwei Hunden Leah und Duke erneut Katzen ins Haus zu holen, und so zogen die zwei kleinen Maine Coon Kater Giacomo und Cappuccino bei uns ein. Trotz genauer Vorbereitungen und optimaler Voraussetzungen, da alle Tiere, Hunde und Katzen, mit der jeweils anderen Art aufgewachsen sind, ging bei der ersten Begegnung einiges schief. Obwohl unser Hovawartrüde

Duke mit Maulkorb und Leine gesichert war, rastete er beim Anblick der Katzen völlig aus, stürzte auf die kleinen Kätzchen los und kippte dabei sogar den riesigen Kratzbaum um, auf dem sich die Katzen befanden. Obwohl die Vergesellschaftung der Tiere nach dieser ersten Begegnung scheinbar aussichtslos schien, erstellte ich einen Trainingsplan, um doch noch den Versuch zu wagen, die Tiere schrittweise aneinander zu gewöhnen.

In den ersten Tagen dauerte das Training nur 30 Sekunden lang. Mehrmals am Tag nahm ich eine der beiden kleinen Katzen auf den Arm, und fütterte Duke im Sekundentakt mit seinen Lieblingsbelohnungen, während dieser abgesichert mit Maulkorb hinter einem Trenngitter saß. Von Tag zu Tag verlängerte ich die Abstände zwischen den Belohnungen und die Dauer der Begegnung. Bereits nach einigen Tagen ließ Dukes Anspannung beim Anblick der Katzen nach und er begann sich über ihre Anwesenheit zu freuen. Nach zwei Wochen zeigte er erste beschwichtigende Gesten, wenn ich die Katzen näher zum Gitter herantrug. Ich steigerte die Anforderung, indem ich die Katzen auf den Boden absetzte und Duke durch das Gitter beobachten konnte, wie sich diese frei bewegen. Dann entfernte ich das Gitter, sicherte Duke allerdings noch mit Maulkorb und Leine ab, und ließ die Katzen täglich für circa eine halbe Stunde im selben Raum herumlaufen, während ich Duke immer wieder mit Futter bestätigte oder mit ihm ruhig spielte. Zusätzlich führte ich jeden Tag einen Raumtausch mit den Tieren durch, um ihnen ausreichend Zeit und Ruhe zu geben, den Geruch des anderen kennenzulernen.

Hund Duke und Kater Giacomo: nach monatelangem Training kuscheln beide vertraut auf dem Boden.

Unsere zweite Hündin Leah war in dieser Zeit spazieren, da sie beim Anblick der Katzen nervös wurde und so ihre Stimmung auf Duke übertragen und die Vergesellschaftung behindert hätte. Nach etwa vier Wochen konnte ich Leine und Maulkorb entfernen. Duke duldete es, dass sich die Katzen im selben Raum frei bewegten. Nach einem weiteren Monat genossen die jungen Katzen jegliche Freiheit und eine innige Freundschaft entstand zwischen Duke und ihnen. Da sich meine Hündin Leah sehr stark an Duke orientierte, akzeptierte sie die jungen Katzen innerhalb eines Tages, und nach wenigen Wochen konnten die vierbeinige Bande auch problemlos ohne Aufsicht gelassen werden.

Fallbeispiel Sander, Cappuccino und Giacomo

Nach Dukes Tod zog der Hovawartwelpe Sander bei uns ein. Obwohl hier die Startvoraussetzungen optimal zu sein schienen, da er in einen Haushalt mit sehr erfahrenen und souveränen Tieren einzog, klappte die Vergesellschaftung nie wie erwünscht. Da unsere beiden Maine Coon Kater Giacomo und Cappuccino bei seiner Ankunft doch etwas größer als er waren, war Sander sehr unsicher und ging ihnen aus dem Weg. Auch

Trotz optimale Voraussetzungen aufgrund des geringen Alters des Hundes, der Erfahrungen der Katzen und des Beiseins des souveränen Zweithundes stellte sich nie ein harmonisches, konfliktfreies Zusammenleben ein.

unsere Zweithündin Leah, die sehr vertraut mit den Katzen umging, konnte ihn nicht von der Unbedenklichkeit der beiden Kater überzeugen. Als er mit zunehmendem Alter mutiger wurde, zeigten ihm die selbstbewussten Kater allerdings sehr schnell seine Grenzen, was er ihnen nie verziehen hat. Zukünftig mied er die beiden Kater und ignorierte selbst ihre Spielaufforderungen. Als Sander in die Pubertät kam, erwachte auch sein territoriales Bewusstsein. Er fing an, unser Trenngitter, durch welches die Katzen freien Zugang erhielten, das die Hunde

aber aus dem Küchenbereich fernhalten sollte, zu bewachen. Immer wenn ein Kater durch das Gittertor gehen wollte, maßregelte er sie, indem er ihnen zuerst den Weg absperrte und dann abschnappte. Nachdem wir das Gitter entfernt und die für Sander vorhandenen Grenzen entfernt hatten, stellte sich eine Zeit lang eine Besserung des Verhaltens ein. Je älter Sander wurde, desto intoleranter wurde er den Katzen gegenüber, und er fing an, sie für Verhalten, das er als falsch ansah, zu maßregeln. Dabei handelte es sich um solche Verhaltensweisen, die Sander selbst untersagt waren, wie etwa das Hochspringen am Menschen, das Betteln am Tisch oder das Wühlen in Taschen. Auch intensives Training, wie etwa das Click-für-Blick-Training oder das gemeinsame Beobachten führten zu keiner Besserung der Beziehung. Um eine Konflikteskalation zu vermeiden und den Alltag für alle Tiere stressfreier zu halten, trennten wir die Wohnbereiche der Tiere, damit sie nicht mehr ohne Aufsicht aufeinandertreffen konnten. Die Tiere entwickelten nie ein gutes Verhältnis zueinander, obwohl alle Voraussetzungen dafür sprachen.

Unterstützende Maßnahmen bei direkten Begegnungen

Für viele Tiere ist die Zusammenführung mit sehr viel Stress verbunden, weshalb es notwendig ist, den Alltag außerhalb des Begegnungstrainings möglichst ruhig zu gestalten. Um das Wohlbefinden der Tiere zusätzlich zu steigern und für noch mehr Entspannung zu sorgen, sollte man sich regelmäßig Zeit nehmen, um den Tieren ausgiebige Streicheleinheiten zukommen zu lassen. Massagen und Berührungen, wie sie etwa beim Tellington TTouch Training angewandt werden, können durch gezieltes Vorgehen Spannungen lösen. Zeigen die Tiere sehr unsicheres, ängstliches oder nervöses Verhalten oder haben sie Probleme, mit dem verursachten Stress umzugehen, kann die Gabe von unterstützenden Mitteln helfen, um den Stress der Tiere zu reduzieren. Eine Möglichkeit ist der Einsatz von Pheromonen, welche bei den Tieren Wohlbefinden auslösen. Es gibt synthetische Nachbauten der natürlichen Pheromone von Hunde und Katzen, die in verschiedenen Formen im Handel erhältlich sind. So gibt es sowohl Halsbänder, die die Pheromone tragen, als auch Sprays, die in die Umgebung gesprüht werden können, sogenannte Verdampfer, die an die Steckdose angebracht werden und die Pheromone so im Raum verteilen, oder aber auch Pheromone in Tablettenform. Am besten man bespricht den Einsatz derartiger Hilfsmittel mit einem erfahrenen Verhaltensberater oder Tierarzt.

Eine weitere Möglichkeit für Katzen, Stress abzubauen, ist das Spielen mit speziellem Katzenspielzeug, das Katzenminze oder Baldrian enthält. Beide haben einen animierenden Effekt auf Katzen und können den Tieren helfen, einfach einmal für eine kurze Zeit abzuschalten und sich vom Alltags- und Vergesellschaftungsstress spielerisch zu erholen. Baldrian und Katzenminze (Catnip) Spielzeuge gibt es bereits in vielen unterschiedlichen Formen. Besonders beliebt sind kleine weiche Kissen, die die Tiere gut mit ihren Krallen festhalten können. Da das Spielzeug nach einer Zeit seine erregende Wirkung verliert, gibt es bereits Sprayflasche im Handel, die den Wirkstoff des Baldrians enthalten, um das Spielzeug wieder von Neuem damit besprühen zu können.

Der Kater schnuppert interessiert an den frischen Baldriankissen.

Der Kater hat sich bereits in eines der Baldriankissen verbissen und hält es mit einer Pfote fest.

Nach einem ausgiebigen Spiel- und Schmusestunde mit dem Baldriankissen ruht der Kater darauf entspannt aus.

Gesundheitliche Aspekte des Zusammenlebens von Hund und Katze

Beim gemeinsamen Wohnen von Hund und Katze dürfen gesundheitliche Aspekte nicht vernachlässigt werden. Dies betrifft vor allem Krankheiten, die auf beide Tiere übertragen werden können. Da Katzen in vielen Haushalten Freigang erhalten, werden diese weniger kontrolliert als Hunde und können während des Freigangs unbeobachtet Dinge aufnehmen oder möglichen Ansteckungsquellen ausgesetzt werden. Der Befall mit Parasiten ist dabei eines der häufigsten gesundheitlichen Probleme beim Zusammenleben von Hund und Katze in einem Haushalt. Flöhe und andere Ektoparasiten wie Zecken, Mücken und Milben können sowohl die Katze als auch den Hund befallen und bedingen eine Behandlung beider Tiere und gegebenenfalls der Umgebung, um die Parasiten erfolgreich abzuwehren. Aber auch Endoparasiten wie Würmer und Einzeller sind zwischen den Tieren übertragbar. Manche Parasiten sind auch für den Menschen gefährlich, weshalb regelmäßige gesundheitliche Kontrollen beim Tierarzt, sowie ausreichende Hygienemaßnahmen zuhause zu empfehlen sind. Große Vorsicht ist bei Mitteln zur Bekämpfung von Ektoparasiten geboten: Manche Produkte, speziell so genannte Spot-Ons, die auf die Haut der Tiere aufgetragen werden um das Ansiedeln von Parasiten zu verhindern bzw. ein sofortiges Absterben der Parasiten herbeizuführen, sind für Hunde und Katzen nicht gleichermaßen verträglich. Es gibt bestimmte Produkte für Hunde, die für Katzen sogar giftig und lebensbedrohlich sind, weshalb jene besser nicht im gemeinsamen Haushalt angewendet werden sollten.

Eine Komplikation, die sich beim Zusammenleben von Hund und Katze ergeben kann und in vielen Fällen den Übertragungsweg von Parasiten zwischen Hunden und Katzen darstellt, ist das Katzenkotfressen des Hundes. Viele Hunde plündern die Katzentoilette oder graben den Katzenkot im Garten aus. Bei Hunden handelt es sich bei diesem Verhalten um ein völlig normales, aber natürlich für den Menschen unappetitliches und unerwünschtes Verhalten, welches eben beschriebene gesundheitliche Risiken mit sich bringt. Vor allem Freigängerkatzen, die die Möglichkeit haben, Mäuse und andere Kleintiere zu jagen, werden häufig durch das Fressen der Beutetiere von Parasiten befallen. Fressen Hunde wiederum den Kot, besteht auch für sie eine Infektionsgefahr. Deshalb sollten sowohl Hunde als auch Katzen regelmäßig auf Parasiten untersucht und gegebenenfalls gemeinsam behandelt werden. Die einmal jährlich stattfindende Kontrolle beim Tierarzt im Zuge der Impfungen reicht hier allerdings nicht aus. Auch die prophylaktische Gabe von Entwurmungstabletten gibt keine Garantie, dass sich die Tiere wenige Tage nach Gabe der Medikamente nicht gleich mit Würmern infizieren. Tierärzte empfehlen vierteljährliche Kontrollen bzw. gegebenenfalls sofortige Untersuchungen des Kots bei Veränderungen oder Unregelmäßigkeiten des Ausscheidungsverhaltens der Tiere, wobei immer bedacht werden muss, dass der Kot der Tiere völlig normal sein kann, die Tiere aber trotzdem ansteckende Parasiten ausscheiden können.

Andere Krankheitserreger, die zwischen den Tieren übertragen werden können, sind Pilze, Bakterien und Viren. Manche Erkrankungen sind für beide Tiere gefährlich, wobei die Krankheitszeichen und Symptome bei den Tieren unterschiedlich ausgeprägt sein können. Die meisten Viruserkrankungen sind nur für eine Tierart gefährlich, da die Viren häufig nur auf einen bestimmten Wirt bzw. eine bestimmte Tierzellenart spezialisiert sind. Eine Virusinfektion, die für beide Tiere lebensbedrohlich werden kann, ist die Parvovirose. Die Parvoviren verursachen schwere Darmentzündungen mit blutigem Durchfall. Übertragen werden die Viren über direkten oder indirekten Kontakt der Tiere. Da es sich um eine sehr widerstandsfähige, resistente Virenart handelt, ist die Behandlung von an Parvovirose erkrankten Tieren sehr schwierig. Die Erkrankung bei jungen Tieren verläuft oftmals tödlich. Deshalb sind

eine gute Grundimmunisierung der Tiere sowie eine regelmäßige Auffrischung der Impfung notwendige Maßnahmen bei gemeinsamer Haltung von Hund und Katze. Auch Wohnungskatzen, die keinen Freigang nach draußen erhalten, sollten vollständig geimpft werden, da die Hunde auf ihren Spaziergängen Krankheitserreger aufnehmen und mit Nachhause bringen können. So können sie sich auf Umwegen mit gefährlichen Krankheiten anstecken.

Allergien können ebenfalls beim Zusammenleben von Hund und Katze eine Rolle spielen. So, wie der Mensch auf Tierhaare von Hunden oder Katzen allergisch reagieren kann, gibt es diese Allergieformen auch bei Tieren. Zeigen die Tiere auf Allergien zutreffende Symptome, wie etwa Juckreiz, gerötete Haut oder gar Atembeschwerden, sollte man mögliche Allergien in Betracht ziehen und von einem Tierarzt untersuchen lassen. In schwerwiegenden Fällen kann es sogar notwendig sein, sich von einem Mitbewohner zu trennen, sollte der Vierbeiner zu starke allergische Reaktionen zeigen und nicht auf mögliche Therapiemaßnahmen ansprechen.

***Vorsicht:** Die Katzentoilette sollte an einem für den Hund nicht zugänglichen Ort aufgestellt werden. Viele Hunde fressen für ihr Leben gerne Katzenkot. Das ist aber mit vielen gesundheitlichen Risiken verbunden und sollte verhindert werden.*

Gemeinsame Beschäftigung von Hund und Katze

Für die Stärkung des Vertrauens und der Bindung zum Menschen und der Tiere untereinander, aber auch um den Tieren ausreichend Aufmerksamkeit zu schenken, damit sich keines von ihnen aufgrund des neuen Mitbewohners vernachlässigt fühlt, sollte man sich spielerisch mit den Tieren beschäftigen. Dies kann sowohl mit den Tieren einzeln als auch gemeinsam gemacht werden. Gemeinsame Aktivitäten fördern das Zusammengehörigkeitsgefühl; die geistige Auslastung sorgt für ein ausgeglichenes Verhalten der Tiere und steigert das Wohlbefinden. Außerdem kann auf diesem Weg auch der Gehorsam der Tiere trainiert werden, was wiederum große Vorteile für das alltägliche Zusammenleben und somit eine erhöhte Kontrollierbarkeit der Tiere mit sich bringt.

Hier werden einige Beschäftigungsmöglichkeiten vorgestellt, die man mit den Tieren einzeln, aber auch gleichzeitig ausführen kann:

Clickertraining

Wie bereits in vorherigen Kapiteln vorgestellt, eignet sich der Einsatz des Clickers hervorragend für das Training und die Beschäftigung der Tiere. Beim Clickertraining können zwei oder mehrere Tiere problemlos gemeinsam trainiert werden. Es ist dabei nicht notwendig, verschiedene Clicker für die jeweiligen Tiere zu verwenden. Die Tiere können lernen zu warten, bis sie bei einer Übung an der Reihe sind, oder man trainiert mit ihnen gleichzeitig.

Targettraining:
Mithilfe eines Targetstabs können verschiedene Übungen und Tricks trainiert werden. Je nach Belieben können die Tiere lernen, den Targetstab mit der Nase oder den Pfoten zu berühren oder diesem zu folgen.

Als Target können speziell im Handel für das Tiertraining erhältliche Stäbe verwendet werden (siehe Abbildung, Targetstab mit integriertem Clicker), aber auch jegliche andere Formen von Stäben sind dafür geeignet (z. B. Holzstäbe, selbstgebastelte Targetsticks oder Ähnliches).

Das Targettraining eignet sich hervorragend dazu, den Tieren Übungen und Tricks beizubringen.

Grundgehorsam:

Beim Hund gelten gewisse Kommandos und Signale als Grundrepertoire des Gehorsams, den ein Hund haben sollte, wie etwa das Hinsetzen, Hinlegen oder Stehenbleiben auf Kommando, oder auch das Bleiben und Heranrufen. Auch die Katze kann lernen, auf dieselben Signale zu reagieren und ebenfalls die gewünschten Handlungen auszuführen. Es kann sehr viel Spaß bereiten, mit den Tieren gemeinsam Grundgehorsamsübungen zu trainieren. Der Hund kann sehr stark davon auch für andere Bereiche profitieren: Lernt er, in Anwesenheit der Katze die entsprechenden Signale zu befolgen, hat er auch draußen beim Spaziergang oder am Hundeplatz bei der Arbeit mit anderen Hunden Vorteile, da er das gemeinsame Trainieren zuhause bereits geübt hat.

Tricktraining:

Den Übungen und Kunststücken, die man den Tieren beibringen kann, sind praktisch keine Grenzen gesetzt, vorausgesetzt, die Tiere haben dabei Spaß, machen die Übungen freiwillig mit und werden keinen Gefahren ausgesetzt. Das Clickertraining eignet sich hervorragend dazu, Verhalten zu formen. Beim Formen, auch Shaping genannt, wird das Verhalten der Tiere in kleinen Schritten belohnt, bis das Tier die gewünschte Verhaltensweise zeigt. Man wählt einen Trick aus, den man gerne mit dem Tier trainieren möchte und zerlegt diesen in möglichst viele kleine Schritte. Für die Ausführung dieser Schritte werden die Tiere dann geclickt und belohnt, wobei man langsam vorgehen sollte und nicht gleich die komplette Übung auf einmal verlangen darf. Ebenso wichtig sind Pausen zwischen den Übungen, um den Tieren Zeit zu geben, Geübtes zu verarbeiten. Bei mehreren Tieren kann man hintereinander trainieren. So lernen die Tiere, auch in den Pausen zu warten. Die Tricks und Kunststücke können die Tiere auch parallel ausführen, oder aber jedes Tier nimmt bei der Übung eine andere Rolle ein. Hierbei ist besonders darauf zu achten, dass sich die Tiere dabei wohl fühlen und in keine für sie unangenehme Situation gedrängt werden.

Antijagdtraining für den Hund

Verspielte Katzen dienen als hervorragende Ablenkung für Hunde, um eine bessere Ansprechbarkeit und Impulskontrolle zu trainieren. Auch wenn der Hund der Katze nur spielerisch nachlaufen möchte, ist dies auch ein Teil des Jagdverhaltens der Hunde. Der Hund kann lernen, geduldig sitzen oder liegen zu bleiben, während die Katze neben ihm spielt oder wegläuft. Immer, wenn der Hund ruhig auf seinem zugewiesenen Platz bleibt, während er der Katze beim Spielen zusieht, wird er gelobt und belohnt. Gesteigert werden kann diese Übung auch dadurch, dass man versucht, den Hund von der spielenden Katze abzurufen. Großer Vorteil dieser Übungen: Das „Indoor-Gehorsamstraining" mit der Ablenkung der sich bewegenden Katze steigert auch die Führ- und Abrufbarkeit des Hundes beim Spaziergang und dient als Antijagdtraining.

Parcours und Hindernisse

Viel Spaß bringt das gemeinsame Erarbeiten von Hindernissen wie Hürden, Tunnel oder ähnliche Herausforderungen. Im Handel sind bereits Teile oder ganze Sets von passenden Gerätschaften erhältlich. Kreative Köpfe können aber auch schnell aus eigenen Wohnungsgegenständen spannende Hindernisse selber bauen und aufstellen. Die Tiere können gleichzeitig oder hintereinander über die Hindernisse geführt werden. Als Hilfsmittel zum Führen der Tiere eignen sich hier wiederum die unter dem Punkt „Clickertraining"

vorgestellte Targetstäbe. Für das Aufstellen eines Hindernisparcours benötigt man keine große freie Fläche im Freien oder Garten. Man kann auch im eigenen Wohnzimmer einen abwechslungsreichen Geräteparcours aufstellen.

Das Überlaufen von Hindernissen macht Hund und Katze Spaß.

Intelligenzspielzeug und Denkaufgaben

Eine Beschäftigungsform, die den Tieren nicht nur Spaß macht, sondern auch ihre Denkfähigkeit und Konzentration fördert, sind Intelligenzspiele. Die Tiere lernen, durch bestimmte Handlungen und Bewegungen an Futter oder Spielzeug zu gelangen. Im Handel ist bereits eine große Auswahl an Beschäftigungs- und Intelligenzspielen für Hunde und Katzen erhältlich. Es gibt allerdings auch einige Spiele, die man selbst zuhause ganz leicht nachbauen kann. Im Internet und Büchern findet man viele Ideen und Anleitungen für den Bau von Intelligenzspielzeugen.

Wichtig beim gemeinsamen Spielen ist es, auf möglichen Futterneid und Ressourcensicherung zu achten. Am besten man spielt mit den Tieren hintereinander, um unerwünschte Konflikte zu vermeiden. So können die Tiere auch lernen, geduldig zu warten, bis sie an der Reihe sind.

Gemeinsamer Spaziergang

Die meisten Katzen in unseren Haushalten werden als Freigänger gehalten, weshalb ein gemeinsamer Spaziergang eine untergeordnete Rolle spielt, da sich die Tiere frei bewegen können. Viele Hundebesitzer erzählen, dass sie von ihren Katzen beim Spaziergang mit dem Hund begleitet werden. Aber es ist auch bei Wohnungskatzen möglich, kleine Ausflüge und Spaziergänge mit dem Hund gemeinsam zu machen.

Voraussetzung für derartige gemeinsame Spaziergänge ist eine gute Gewöhnung der Tiere an das Tragen eines Brustgeschirrs und einer Leine. Hierfür empfiehlt sich, die Tiere langsam mit dem Zubehör vertraut zu machen. Am besten übt man zuerst regelmäßig kurze Einheiten in der Wohnung, wo sich die Tiere wohlfühlen, bevor man mit ihnen nach draußen geht.

Vorsicht gilt vor allem bei Hundebegegnungen mit fremden Hunden: Die meisten Hunde jagen fremde Katzen – lassen sie bei ihren angeleinten Katzen keinen Kontakt mit fremden Hunden zu! Die Gefahr von Verletzungen oder anderen schlechten Erfahrungen ist zu groß. Da es in den allermeisten Fällen den Katzen nicht darum geht, viele Kilometer zurückzulegen, sondern die Umgebung in aller

Ruhe erkunden zu können, reicht ein kleiner Bereich oder Garten aus, in denen es etwas zu erschnüffeln gibt. Dasselbe gilt natürlich auch für den Hund, zu dessen Entspannung es zusätzlich förderlich ist, ruhige Schnüffelspaziergänge mit vielen Pausen einzulegen.

Wurden die Tiere zuvor ausreichend an Brustgeschirr und Leine gewöhnt, steht einem gemeinsamen Ausflug ins Freie nichts im Weg.

Gemeinsames Schnüffeln ist eine ruhige Beschäftigung, die die Tiere gleichzeitig auslastet und entspannt.

Kuscheln und Ruhen

Zu den gemeinsamen Aktivitäten, die das Zusammengehörigkeitsgefühl der Tiere stärken, zählen nicht nur die eben vorgestellten vorwiegend bewegten Übungen und Beschäftigungsmöglichkeiten. Auch das gemeinsame Kontaktliegen spielt eine große Rolle beim Zusammenleben mit Hunden und Katzen. Nebeneinander Kuscheln und Liegen fördert die Bindung der Tiere untereinander und auch jene zum Menschen. Wenn jemand gezielt das Wohlbefinden der Tiere fördern möchte, können auch Massagetechniken oder andere Formen der Körperarbeit eingesetzt werden, um den Tieren durch Berührungen Entspannung zu verschaffen, wie etwas das Tellingtion TTouch Training.

Neben der Steigerung des Wohlbefindens durch Kontaktliegen und Streicheleinheiten ist es für die Tiere ebenso wichtig und

wünschenswert, sich ausreichend ruhig in Anwesenheit der anderen Tiere zu verhalten, um auch mal abschalten zu können. Können die Tiere in Anwesenheit des anderen entspannt schlafen, spricht das für das Vertrauen in das andere Tier und ihren Menschen. Beim gemeinsamen Kuscheln ist es wichtig, die Tiere nicht gegenseitig aufzudrängen, sondern sie selbst entscheiden lassen, ob ihnen der enge Körperkontakt überhaupt recht ist oder ob sie sich lieber zurückziehen wollen. Wollen die Tiere aufstehen und weggehen, darf man sie nicht daran hindern. Liegen für die Tiere ausreichend Ausweichmöglichkeiten vor, steht einem gemeinsamen Kuschelabend nichts im Weg.

Gemeinsames Kuscheln und Kontaktliegen fördert die Bindung der Tiere untereinander.

Über die Autorin

Mag. Tamara Nawratil BSc ist akademisch geprüfte Kynologin und Verhaltensberaterin für Katzen. Nach ihrem Studium der Soziologie und Wirtschaftswissenschaften an der Universität Linz, Österreich absolvierte sie den Universitätslehrgang „Angewandte Kynologie" an der veterinärmedizinischen Universität Wien sowie eine Ausbildung zur Verhaltensberaterin für Katzen beim Schulungszentrum für Tierverhaltenstherapie Wien. Seit 2012 arbeitet sie selbstständig als Hunde- und Katzentrainerin in Oberösterreich. Derzeit leben zwei Hunde und zwei Katzen in ihrem Haushalt.

Zum Weiterlesen:

Theby, Viviane: *Clickertraining leicht gemacht.* Kynos Verlag, 2012.

Theby, Viviane: *Verstärker verstehen. Über den Einsatz von Belohnung im Hundetraining.* Kynos Verlag, 2011.

Wardeck-Mohr, Dr. Barbara: *Die Körpersprache der Hunde.* Kynos Verlag, 2016.

Leyhausen, Paul: *Katzenseele: Wesen und Sozialverhalten.* Kosmos Verlag, 2005.

Pfleiderer, Dr. Mircea: *Katzenverhalten.* Kosmos Verlag, 2014.

Handelmann, Barbara: *Hundeverhalten.* Kosmos Verlag, 2010.

Theby, Viviane

Clickertraining leicht gemacht

Hundetraining mit dem Clicker hat in den letzten Jahren einen großen Aufschwung erfahren, aber noch immer trifft man häufig auf Fragen und Missverständnisse. Besonders Neulingen erscheint der Einstieg oft zu kompliziert und sie lassen sich von widersprüchlichen Meinungen verunsichern. Viviane Theby zeigt kurz und verständlich, worauf es wirklich ankommt und wie Sie schon in kurzer Zeit erstaunliche Erfolge mit Ihrem Hund erreichen. Lernen Sie die fast unbegrenzten, faszinierenden Möglichkeiten des Clickertrainings kennen und verändern Sie die Beziehung zu Ihrem Hund für immer – denn ab sofort wird er Sie verstehen!

Klappenbroschur, 96 Seiten, durchgehend farbig

ISBN: 978-3-942335-82-9   **9,95 €**

Wardeck-Mohr, Dr. Barbara

Die Körpersprache
der Hunde

Wie Hunde uns ihre Welt erklären

Wer Hunde verstehen will, muss ihre
Körpersprache lesen und deuten können: Dieses Buch bietet dazu einen
umfassenden Überblick. Dabei ist
es nicht nur notwendig, die äuße-
re Mimik und Körperhaltung zu erkennen, sondern auch, das zugrunde
liegende Verhalten und seine Entstehung zu verstehen. So stehen Neu-
ropsychologie, Verhaltensbiologie
und die Individualentwicklung eines
Hundes in wechselseitigem Zusam-
menhang. Fachlich fundiert und von
zahlreichen Fotos unterstützt veran-
schaulicht dieses Buch Hundeverhalten in seiner Komplexität und stellt
damit einen wichtigen, übersichtli-
chen Leitfaden für Hundehalter, Hun-
deausbilder und alle Interessierten dar.

Hardcover, 232 Seiten, durchgehend farbig

ISBN: 978-3-95464-087-4 **24,95 €**

Fordern Sie jetzt unseren Katalog mit rund 300 weiteren
Hundebüchern an unter:

Kynos Verlag Dr. Dieter Fleig GmbH
Konrad-Zuse-Straße 3
54552 Nerdlen/Daun
Tel.: 06592-957389-0
bestellung@kynos-verlag.de

Oder besuchen Sie unseren Shop:

www.kynos-verlag.de